中国科学院科学出版基金资助出版

光弹性实验技术及工程应用

佟景伟　李鸿琦　著

科 学 出 版 社
北　京

内 容 简 介

全书分成七章，内容包括：光弹性模型材料配制、模具制作、浇铸和固化方法；光弹性模型的机加工方法、光弹性材料性能及其测定方法；机械载荷作用下光弹性模型冻结应力分析；气压载荷作用下光弹性模型冻结应力分析；自重和离心力载荷作用下光弹性模型冻结应力分析；撞击和交变载荷作用下光弹性应力分析；三维光弹性模型的形状和承载具有某些特殊性问题等内容.

本书可作为高等院校、科研院所从事力学、航空航天、材料科学、机械、土木和水利等专业的教师、科研人员和研究生的参考书和教材.

图书在版编目(CIP)数据

光弹性实验技术及工程应用/佟景伟，李鸿琦著. —北京：科学出版社，2012

ISBN 978-7-03-034828-9

Ⅰ. ①光… Ⅱ. ①佟… ②李… Ⅲ. ①光弹性试验-研究 Ⅳ. ①TB302.3

中国版本图书馆 CIP 数据核字(2012) 第 126416 号

责任编辑：刘凤娟／责任校对：张小霞
责任印制：徐晓晨／封面设计：耕者设计

科 学 出 版 社 出版
北京东黄城根北街 16 号
邮政编码：100717
http://www.sciencep.com

北京凌奇印刷有限责任公司 印刷
科学出版社发行 各地新华书店经销
*
2012 年 6 月第 一 版 开本：B5(720 × 1000)
2019 年 1 月第三次印刷 印张：8
字数：147 000

定价：59.00 元
(如有印装质量问题，我社负责调换)

前　言

随着科技事业和国民经济的快速发展, 为确保机械零件或结构构件的安全性、耗材低和节约能源, 应该把实验应力分析方法和有限元计算结合起来, 对工程结构进行优化设计, 以及对工程结构施工程序的合理性进行评估.

光弹性应力分析方法是分析复杂的机械零件或结构构件应力的重要手段, 它不仅可求物体的边界应力, 还可求物体的内部应力, 也是确定应力集中系数的有效手段, 具有直观性, 并能进行全场观测.

随着国民经济的发展, 光弹性方法在大型水轮机、发电机、大型火力发电机汽包封头、大型水坝、万吨水压机以及航天、航空工业、机械和土木工程等领域发挥了重要的应用, 为强度分析、优化结构设计和寻找破坏根源起了重要作用.

在进行有限元计算时, 需要正确建模, 其中, 合理地模拟力和位移的边界条件是非常关键性的工作, 否则, 通过计算程序得到的力学分析结果会不正确. 因此, 应用光弹性实验可以帮助建立或检验计算力学中的建模的合理性. 同时, 光弹性实验在验证理论分析中也有重要的应用价值.

随着航空、航天工业、高速铁路、新结构大型桥梁、地下隧道和动力机械的发展, 许多超标准和非常规的设计增多, 对光弹性实验方法提出更多和更难的课题. 客观上急需培养一批年轻同志参加这项工作. 本书是根据作者多年的研究成果和经验总结写成的, 并参考了国内外的有关资料, 针对光弹性实验中常遇到的技术难题, 提醒读者应注意的关键问题, 以及如何去解决这些问题. 希望年轻同志通过对本书的自学, 可少走弯路, 提高光弹性实验技术水平与解决工程问题的能力, 迅速成长.

阮江涛博士参加了本书的校对工作.

著　者

2010 年于天津

目 录

第 1 章　光弹性模型材料配制、模具制作、浇铸和固化方法

1.1　概　　述

光弹性效应早在 1816 年就被发现, 但光弹性法被广泛地应用于解决工程实际问题还是 20 世纪 30 年代的事, 其主要原因是缺少合适的模型材料. 以前曾使用酚醛树脂 (如 Catalin–800)、丙苯树脂 (如 Bakelite BT.61–893)、丙烯树脂 (如 CR–39) 和聚酯树脂 (如 Marco) 等作为平面模型材料 [1~6].

1951 年以后, 出现了以环氧树脂为基的各种新型光弹性材料, 这种材料可以制成平板和浇铸成立体模型, 并能冻结应力. 在室温及冻结温度下, 它具有较高的光学灵敏度和比例极限, 蠕变和时间边缘效应也较小, 且易于加工, 同时也可以黏结.

后来又出现了聚碳酸酯的新型光弹性材料. 它的光学灵敏度很高, 透明度很好, 时间边缘效应也很小. 它是室温平面应力模型光弹性实验的优良材料 [7].

光弹性模型材料的性能和质量将直接影响实验的进行和测试精度. 因此, 掌握光弹性模型材料的制造工艺及其性能的测定是非常重要的.

1.2　制造环氧树脂光弹性材料的原料配比

1.2.1　环氧树脂

凡含有环氧基团的高分子聚合物统称环氧树脂. 根据浓缩程度不同, 环氧树脂的颜色和黏度都有所区别. 分子量不同, 其用途也不同. 光弹性材料常用的环氧树脂牌号 #618、#6101、#634. 三种环氧树脂的质量指标见表

1.1 所示. 其中以 #618 颜色最浅, 流动性最好. #634 颜色最深, 流动性最差. 选用 #6101 者居多.

表 1.1　三种环氧树脂的质量指标

产品编号	出厂规格					
	软化点/°C	环氧值/(当量/100g)	有机氯值/(当量/100g)	无机氯值/(当量/100g)	挥发分(10°C,3h)	黏度/CP
#618	液态	0.48～0.54	⩽ 0.02	⩽ 0.001	⩽ 2	⩽ 2500
#6101	12～20	0.41～0.47	⩽ 0.02	⩽ 0.001	⩽ 1	稍高
#634	21～27	0.38～0.45	⩽ 0.02	⩽ 0.001	⩽ 1	更高

注：$1CP=10^{-3}Pa\cdot s$.

1.2.2　固化剂

固化剂的作用是使环氧树脂由线型高聚物固化成为立体网状结构. 光弹性环氧树脂材料的固化剂分为室温固化剂与高温固化剂两种. 常用的室温固化剂是胺类固化剂, 如乙二胺、二乙烯三胺和三乙烯四胺等, 其中乙二胺产生的固化反应热量大, 会产生较大的固化初应力, 所以一般不常用. 高温固化剂常使用有机酸酐固化剂, 如顺丁烯二酸酐, 它是一种白色结晶体, 具有刺激性, 能升华, 易吸潮. 其含量、熔点及杂质见表 1.2.

表 1.2　顺丁烯二酸酐的质量指标

纯度	含量	熔点/°C	杂质含量/%			
			水不溶物	灼烧残渣	氧化物	合计
分析纯	99.5%以上	52～53	0.005	0.005	0.05	0.06
化学二级	99.5%	52～53	0.005	0.005	0.05	0.06
化学三级	98.5%以上	51～53	0.01	0.01	0.2	0.22

制造光弹性薄片材料 (厚度小于 2mm) 或曲面光弹性贴片材料使用室温固化剂. 制造光弹性板材和三维光弹性模型, 如果使用室温固化剂, 则由于固化反应热量大, 温度场不均匀, 散热也慢, 会产生较大的初应力, 故选用高温固化剂.

1.2.3　增塑剂

单纯添加固化剂固化了的环氧树脂材料, 性质较脆, 给机加工带来困难. 为了提高其塑性, 通常再添加一定量的增塑剂, 如邻苯二甲酸二丁酯是良好的增塑剂. 它是一种无色、透明液体, 不溶于水, 化学纯的含量在 99.5%, 挥发分在 0.3%以下. 添加增塑剂还可以起到稀释环氧树脂的作用.

1.2.4 原料配比

1. 室温固化的原料配比

表 1.3 给出原料配比和用其制成的光弹性材料的性质.

表 1.3 原料配方及制成的光弹性材料的性质

种类	环氧树脂	固化剂	增塑剂	固化温度与时间	f_σ/(MPa·cm/条)	E/(MPa)	μ	最大线性应变/%	质量系数 K/(条/cm)
1	#618 100g	二乙烯三胺 8g	邻苯二甲酸二丁酯 5g	20～40°C 24h	1.85	4630	0.390	0.8	2.50
2	#618 100g	三乙烯四胺 11g	邻苯二甲酸二丁酯 5g	20～40°C 24h	1.86	4600	0.380	0.7	2.47

2. 高温固化的原料配比

根据高分子反应原理, 100g 环氧树脂中顺丁烯二酸酐的适用量按下式计算:

顺丁烯二酸酐用量 = 环氧树脂的环氧值 × 顺丁烯二酸酐的分子量 $\times k$

式中, 环氧值为表示 100g 环氧树脂中所含有的环氧基的物质的量, 其值见表 1.1. 顺丁烯二酸酐的分子量*约为 98. k 是根据经验选定的常数, 一般取 k =0.75～0.85. 例如, 对于 100g 的 #618、#6101、#634 环氧树脂, 按上式计算出的顺丁烯二酸酐的适用量为 35.2～45g, 30.2～39.1g, 27.9～37.5g.

在 100g 环氧树脂中增塑剂邻苯二甲酸二丁酯的常用量为 5～10g.

鉴于下述原因, 有时可考虑不使用增塑剂邻苯二甲酸二丁酯.

(1) 邻苯二甲酸二丁酯虽能与环氧基反应, 但主要起外塑化作用, 即填充了环氧树脂的立体网格间隙, 增加了大分子的柔顺程度, 改进了材料的脆性. 因它不参与环氧树脂的固化反应, 根据化学热力学理论, 它将从材料

* 本书中的"分子量"为"相对分子质量".

中缓慢地发挥出来, 从而引起材料性质的不均匀, 并增加了材料的时间边缘效应.

(2) 邻苯二甲酸二丁酯的比重比较小, 与环氧树脂混合时会漂浮在混合液的表面上, 搅拌不均时, 将在固化的环氧树脂中产生亮带状 “云雾”.

在不加增塑剂的情况下, 可以通过改变固化温度的方法来提高材料的塑性.

环氧树脂混合液的固化时间是相当长的, 为了缩短固化时间, 在上述用量中可以加入 0.1g 的催化剂 —— 二甲基苯胺, 这一用量可以使混合液的胶凝时间缩短两天左右. 混合液加入二甲基苯胺后色泽变成暗红色, 但固化后将会变淡.

在实践中, 也常采用改变固化剂和增塑剂用量的办法, 获得不同弹性模量 E 的材料. 对于室温下使用的光弹性材料, 固化剂的含量对室温材料弹性模量 E 影响甚微, 增塑剂含量的增加, 对应的室温材料弹性模量 E 会减小, 当增塑剂含量超过 30 份时, 则材料脱模困难. 冻结使用的光弹性材料, 当固化剂含量增加, 对应冻结材料弹性模量 E 随之也增加, 当固化剂含量超过 40 份时, 对应冻结材料弹性模量 E 反而降低. 当增塑剂含量增加, 对应的冻结材料弹性模量 E 会减小, 当增塑剂含量超过 20 份时, 材料冻结应力性能大大降低. 如果固化剂用量不够, 则材料固化不完全, 材料性能不稳定. 材料的时间边缘效应随固化剂用量的增加而增大.

1.3　浇 铸 模 具

1.3.1　制作光弹性平板材料用的玻璃模具

常用玻璃板模具, 如图 1.1 所示. 制造尺寸为 300mm×300mm×(6~8) mm 的光弹性平板材料, 常用 5~7mm 厚的玻璃, 要求玻璃表面光整, 在光照下表面无水纹. 模具两侧边和底边所用的玻璃隔条的厚度等于平板材料所需的厚度. 为防止环氧树脂混合液渗漏, 用套有铅丝的橡皮管衬在玻璃隔条内侧, 橡皮管的直径比隔条的厚度稍大, 铅丝起定位作用. 两块玻璃板用带有连接螺钉的压板夹紧 (压板与玻璃间衬以纸垫或薄橡皮), 橡皮管要选择颜色浅的.

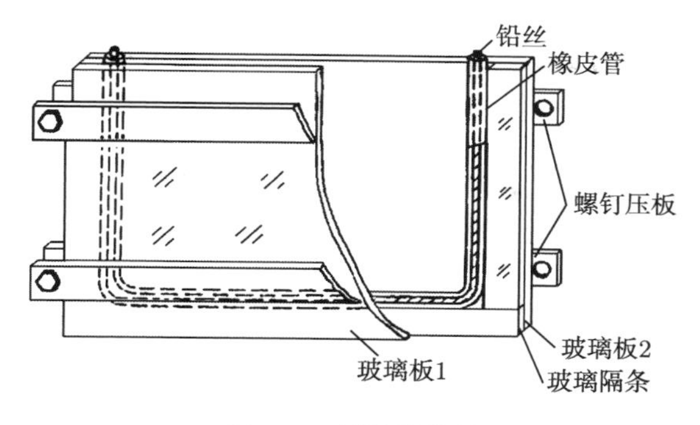

图 1.1 制板材模具

制造模具的步骤如下：

(1) 玻璃平板与隔条的油污先后要用汽油、肥皂水清洗, 最后用乙醇或丙酮擦净.

(2) 在玻璃表面和橡皮管表面浸涂脱模剂, 其作用是将玻璃表面、橡皮管表面与环氧树脂混合料隔开, 防止它们之间的黏结. 常用的脱模剂为甲苯: 聚苯乙烯 =100 : (5~8)(重量比) 的混合液. 浸涂脱模剂的方法是将洁净的脱模剂盛在比玻璃平板尺寸稍大的扁形容器中, 再将玻璃平板整个浸没其中, 然后慢慢地提起, 立放在室温下使其自然干燥. 第一遍风干 10~15h 后, 再涂第二遍. 橡皮管涂一遍即可.

(3) 待玻璃平板上的第二遍脱模剂风干后, 将模具进行装配. 这时, 应注意调节各压板螺丝, 以保证浇铸出的平板厚度均匀.

使用这种脱模剂制出的平板材料表面光洁平整. 但脱模剂的稠度要适当, 涂膜不能太薄也不能太厚. 干燥要适当. 切忌在高温下烘烤, 否则脱模剂开裂, 将发生材料与玻璃的黏结. 另外脱模剂的表面要防止粘上尘土.

还有一种在玻璃表面制造硬膜脱模层的方法介绍如下：

(1) 脱模剂配方. 将一甲基三氯硅烷 10g 和二甲基二氯硅烷 20g 加入到#200 溶剂汽油中, 三者之和做成 250~500mL 混合液.

(2) 在玻璃表面涂敷上述混合液形成硬膜脱模层. 方法是：① 用绸子将混合液涂在玻璃的一侧表面, 在烘箱中升至 150~180°C 恒温 1h, 然后降温至 90°C 时, 使用绸子将涂混合液的玻璃表面用力擦均匀, 至亮如镜面为止. ② 按 ① 再涂第二次混合液进行同样操作. ③ 按 ① 再涂第三次混合液进行同样操作.

这种方法制成的光弹性平板材料表面的光洁度极高, 同时, 这种玻璃脱膜层还可重复使用. 如果对光弹性平板表面光洁度或平整度要求不高时, 可以涂敷甲基硅橡胶或硅脂作为脱模层.

1.3.2 制作三维光弹性模型的模具

1. 制作形状简单, 并准备对光弹性模型进行机加工的三维模型 [8]

可用白铁皮 (厚度为 0.3~0.5mm) 锡焊制成, 如图 1.2(a) 所示. 应在模具内外边界各留 5mm 左右的机加工余量. 若模型有内腔, 模具的内芯必须用弹性较大的材料制成. 这样, 可减少环氧树脂固化时由于收缩产生较大的初应力, 以及防止模型内腔的开裂. 图 1.2(b) 改用弹性内芯后, 模型内腔不再出现裂纹, 而且由于内芯具有弹性, 初应力大为减小. 制造弹性内芯的方法, 可以在白铁皮内芯的表面上敷以一层薄海绵橡皮或室温硫化硅橡胶, 也可以是使用草板纸代替白铁皮作为内芯, 然后, 在内芯外表面再蒙上聚氯乙烯塑料薄膜防漏, 这种方法工艺简单, 价格便宜, 效果也很好. 白铁皮模具的脱模剂通常使用甲苯 : 聚苯乙烯 =100 : (8~10) 溶液或涂一层硅脂.

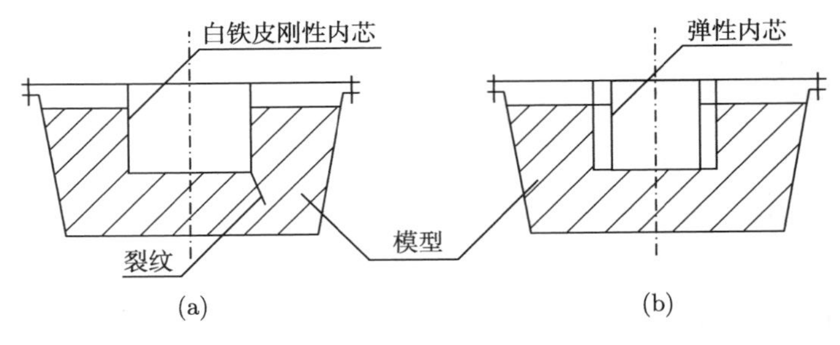

图 1.2 刚性内芯与弹性内芯

2. 制作形状复杂三维模型

1) 蜡料模具

对于零件形状比较复杂、带有内腔, 甚至无法用机加工方法制造的模型, 由于用白铁皮做的模具刚度偏大、易产生铸造应力的情况, 近年来广泛使用蜡模模具. 用这种模具浇铸成的模型, 初应力较小, 其尺寸精度一般可在 1.5%~2.0%, 可以不必再进行机加工.

A. 蜡料及其配制

常用材料为:

石蜡, 它是石蜡基石油的加工产品, 为白色或淡黄色结晶体, 其熔点随含碳量而变化, 一般熔点为 52~62°C. 使用它可以增加蜡料的韧性和强度, 收缩小, 不易产生裂纹. 其缺点是软化点低, 约 30°C 就软化变形.

地蜡, 它是饱和族高分子碳氢化合物, 为浅黄色或白色结晶体, 强度及塑性低, 收缩率大, 但熔点高. 用它的主要目的是提高模料的软化点温度.

硬脂酸, 它是固体脂肪酸混合物, 为白色针状结晶体, 用它可提高模料的流动性, 有利于复杂形状模型的压注和成型.

这些蜡模材料的性能参见表 1.4.

表 1.4 蜡模材料的物理性能

名称	物理性能							灰分/%
	表面状态	流动性/cm	抗热强度/(kg/cm)	延伸率/%	收缩率/%	比重 (25°C 时)	熔点/°C	
石蜡	白色	160~170	2.25~3	2~2.5	0.5~0.7	0.87~0.89	50~60	<0.11
地蜡	浅黄色	105~115	1.5~2	1.6~2	0.6~0.75	0.90~0.96	68~75	<0.035
硬脂酸	白色针状	130~140	1.75~2	2.8~3	0.6~0.69	0.86~0.89	58~60	<0.02

所配制的蜡料软化温度应尽可能得高, 收缩率应尽量小. 一般常用蜡料的质量配比为地蜡 : 硬脂酸 : 石蜡 =60 : 30 : 10, 这种蜡料的软化温度约 40°C, 收缩率为 0.22%~0.34%.

制蜡模前蜡料的准备: 将称好的原料放在搪瓷容器内, 在 120~140°C 的恒温箱中加热使其熔化 (如果使用电炉直接加热, 则要使容器与电炉丝隔开一定距离, 以防止蜡料温度过高从而使之变质). 混合液经搅拌均匀后, 降温至 50~60°C, 蜡料呈糊状, 即可压注.

B. 压制蜡模的工具 [9]

a. 阳模

一般用硬质木材做阳模, 以连杆阳模为例, 如图 1.3 所示, 沿连杆厚度中面分为两部分, 并用两个定位销将它们连接在一起, 阳模表面涂抹腻子和漆片, 经过抛光以增加表面光洁度.

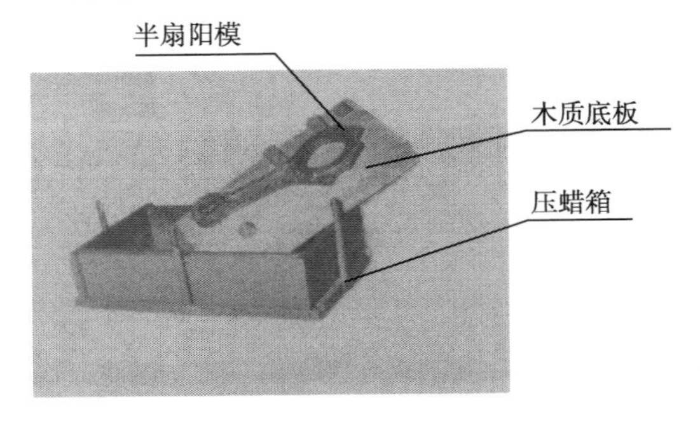

图 1.3　压制连杆蜡模的压蜡箱、连杆阳模

b. 压制蜡模工具

如图 1.3 所示, 将一半连杆阳模和木质底板一起放入金属板做成的压蜡箱底部, 如图 1.4 所示, 封闭的压模箱的上部有两个排气孔, 它与压蜡活塞室相通, 活塞室中充满了蜡料.

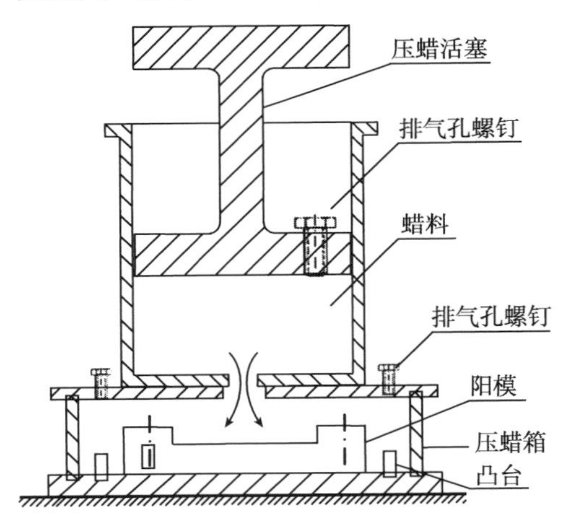

图 1.4　压蜡装置

c. 压制蜡模的工艺

如图 1.4 所示, 压注蜡料的步骤如下:

(1) 将压蜡箱、压蜡活塞在 30~40°C 下预热.

(2) 在半扇阳模及压模箱表面涂一薄层均匀的脱膜剂 (脱膜剂可用硅油), 然后将整个压模箱装好, 用螺栓将其连接成一体.

(3) 把准备好的糊状蜡料盛入活塞室中, 与压模箱一起装在压力机上.

(4) 压注, 直至蜡料从压模箱盖板上的出气孔 (螺纹孔) 溢出, 然后拧上螺钉, 封闭出气孔, 继续加压, 使压强保持在 0.4~0.5MPa 约 30min, 卸载后使其自然冷却.

(5) 把压制好的半扇连杆蜡模翻过来重新放入图 1.4 的压模箱底部, 把另一半连杆阳模扣合到下面半扇连杆阳模上, 两半连杆阳模之间有两个定位销相连, 起到定位作用. 重复 (2)~(4) 的步骤, 将另一扇蜡模压好. 为防止两扇蜡模在分型面上粘连, 预先在分型面上涂上硅油做脱模剂.

(6) 将压制好的两扇蜡模从分型面分离, 注意两扇蜡模是通过蜡模上的凸起和凹槽进行定位的, 然后把两半连杆阳模取出. 如果发现蜡模有缺损再进行修模.

(7) 脱脂处理. 目的是去除蜡模表面的油污, 并可增加脱膜剂的挂涂性. 将蜡模放在 30~40°C 的碱性低的肥皂水洗涤, 再用清水洗净.

(8) 蜡模内腔涂脱膜剂. 可应用#107 无填料室温硫化硅橡胶, 按重量配比为硅橡胶 : 触媒剂 (二月桂酸二丁基锡) : 交联剂 (正硅酸乙酯)=100 : (3~4) : (6~8), 将其均匀地涂一薄层作为脱膜剂, 并可提高浇铸成的光弹性模型有很高的光洁度.

(9) 拼模. 如果蜡模是由几块合成一个整体的, 各块分模之间要有定位销. 待硅橡胶完全固化后拼模, 办法是在接缝边缘处铺上医用纱布条和碎腊料, 然后用电烙铁烫合. 拼模时要注意各块的相对位置, 保证不能错位. 如果有芯模, 要很好地定位. 由于蜡料的比重低于环氧树脂, 为防止芯模漂浮, 在芯模中铸入铅块可以起到定位作用.

另外, 要适当掌握蜡模与光弹性模型的脱膜时间. 如果脱膜太早, 光弹性模型材料呈现脆性, 容易断裂; 如果脱膜太晚, 光弹性模型已经固化完全, 则模型初应力较大, 同时脱模困难, 甚至使光弹性模型开裂. 具体脱膜时间要根据蜡模尺寸和形状而定.

2) 添加聚乙烯的混合蜡料模具

如果在混合蜡料中加入适量聚乙烯, 可采用石蜡、地蜡和聚乙烯按重量的配比为 30 : 60 : 10. 其优点是制成的蜡模容易脱模和光弹性模型表面光洁度高. 这种混合蜡料的制作方法是先把石蜡和地蜡加热至 160~170°C, 徐徐加入聚乙烯颗粒并不断搅拌, 当聚乙烯熔化后在自然降温过程中继续搅拌, 温度降至 120~130°C 时把混合蜡料浇铸成毛坯, 可以用木工和金属的机加工工具对其进行加工. 对于形状比较复杂的模具, 可以把它分隔成几个部件, 分别对每个部件进行机加工, 然后再把几个部件使用#106 室温硫化硅橡胶 (有填料) 拼粘在一起. 图 1.5(a) 和图 1.5(b) 分别给出用这种方法制做到空心壳体浇铸模具和浇铸成的光弹性模型.

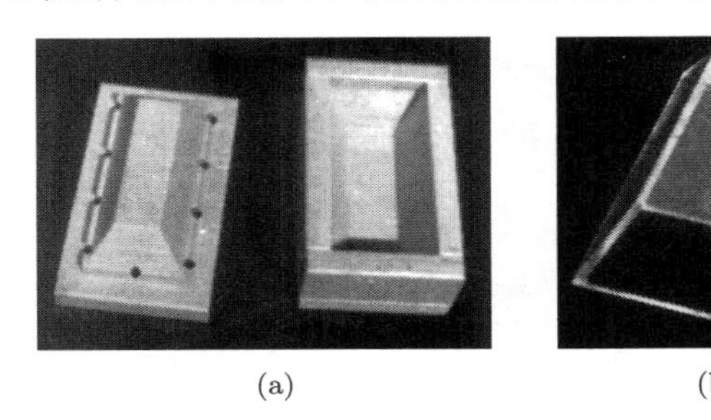

(a)　　(b)

图 1.5　空心壳体模具及光弹性模型

3) 硅橡胶模具 [10]

硫化硅橡胶在室温、常压下加入适量的交联剂和触媒剂, 经充分搅拌后, 将其放入真空干燥箱中抽真空, 除去渗入的气泡, 随后把它浇注到模具中, 待硅橡胶固化后便可拆模. 这种模具具有表面光洁度高、富有弹性、收缩小 (收缩率约为 1%) 和脱模容易的优点. 用它浇铸的光弹性模型尺寸精度高, 初应力较小, 并可提高材料第一次固化的温度. 当浇铸尺寸较大的模型时, 可在木质或金属阳模的表面涂敷一层硅油, 然后再涂敷 #106 室温硫化硅橡胶 (按重量配比为 #107 硅橡胶 ：正硅酸乙酯 ：二月桂酸二丁基锡 =100 : 4 : 1, 搅拌均匀后抽真空 (真空度 700~780mmHg①, 15min), 共涂两层, 总厚 5~10mm. 待 4~5h 后, 在其表面再涂一薄层快凝硅橡胶, 同时在其表面贴上一层过滤纸. 当过滤纸浸透后, 再将环氧树脂、乙二胺、石膏按重量配比为 100 : 8 : 250 的混合料敷在过滤纸的表面, 厚度为 5~15mm. 待环氧树脂材料的外壳固化后, 再把阳模从铸模中取出, 便可用它浇铸光

① 1mmHg = 1.33322×10^2Pa. 下同.

弹性模型. 图 1.6 给出利用这种拱壳结构模具制成的光弹性模型.

图 1.6 拱壳结构光弹性模型

当浇铸热固化环氧树脂材料时, 需预先把浇铸模是升温到 110°C 保持约 5h, 以使硅橡胶完全固化, 否则硅橡胶与液态混合料的接触表面产生边缘效应.

4) 石膏模具

在石膏中调合适量的水分, 经过十几分钟石膏就凝结. 用它制模操作方便、价格便宜、收缩小. 但石膏刚度比较大, 用它浇铸出的光弹性模型初应力较大, 同时脱膜比较困难, 表面光洁度也较差.

常用的石膏分为建筑石膏 (又分三级)、模型石膏、医疗石膏、高强度石膏等. 一般选用建筑 I 级石膏或模型石膏做模具. 石膏的调水量按重量配比为: 建筑石膏 : 水 =100 : 50~80; 模型石膏 : 水 =100 : (60~80). 水分过多会降低石膏的强度, 而且凝结时间加长; 水分过少, 石膏流动性差, 凝结时间短, 操作不便. 调水后的石膏是自由浇注到模具中.

制作石膏模具的脱膜剂可以使用硅油. 而用石膏模具浇铸光弹性模型时, 可用 #107 室温硫化硅橡胶在石膏模具表面涂一层作为脱膜剂, 可以提高光弹性模型光洁度并可减少模型初应力.

5) 硫酸铵铝模具

硫酸铵铝是一种白色粉末, 添加适量水分 (按重量的配比为硫酸铵铝: 水 =100 : (10~15)), 加热至 80~110°C 成为液态, 即可自由浇注成模具, 在室温下便凝结为固体. 使用这种模具浇铸光弹性模型时, 第一次固化后, 可用水洗的办法使硫酸铵铝模具溶解. 因此, 必然有水分浸入光弹性模型中, 从而增加时间边缘效应. 但这种方法操作简单、价格便宜. 使用这种模具可以适当提高材料第一次固化温度.

6) 低熔点合金模具

浇铸带有内部空洞或外表面具有复杂曲面的三向模型时, 如选用蜡料等模具其尺寸精度达不到要求, 可采用低熔点合金模. 一般是使用石膏模作为过渡模具, 用它翻制低熔点合金模具 (低熔点合金的元素重量配比见表 1.5). 材料第一次固化后, 把低熔点合金熔化, 如模型表面还残留合金, 可用硫酸洗净. 为防止环氧树脂材料发热, 应调节硫酸溶液浓度并控制洗净速度. 低熔点合金价格较贵, 它适用于对精度要求较高的小模型或芯模.

使用低熔点合金模具, 并采用材料的二次固化方法, 既能保证模型的尺寸精度, 又能减小模型的铸造初应力.

表 1.5 低熔点合金的元素配比

合金熔点/°C	重 量 配 比/%				金属元素的熔点/°C	
	铋 Bi	镉 Cd	铅 Pb	锡 Sn	铋	271.0
60.5	50.1	10.8	24.9	14.2	镉	320.9
65~70	50	12.5	25	12.5	铅	327.4
91.5	51.6	8.2	40.2	0	锡	232.0

1.4 光弹性模型的浇铸与固化工艺 [11]

1.4.1 环氧树脂、固化剂和增塑剂的混合、搅拌和浇铸

(1) 按欲浇铸的模型体积乘以混合液的比重 (约等于 1.25g/cm^3) 计算出混合液的总重量, 再按重量配比计算出各原料的重量.

(2) 将环氧树脂倒入不锈钢或搪瓷容器中, 放入电热箱中加热至 120°C, 恒温 2~3h, 让挥发物散出, 然后自然降温至 60~65°C, 在电热箱中恒温.

(3) 将瓶装固化剂顺丁烯二酸酐瓶盖松开 (让瓶盖与空气相通), 将其放在水盆中加热至 60~65°C, 待基本全部熔化后倒入玻璃容器中 (注意这种药品有挥发性, 它对人眼和呼吸道有刺激, 所以操作人员需要戴口罩和防护眼镜), 然后用平板玻璃盖上开口端, 放入 60°C 电热箱中恒温.

(4) 依次将邻苯二甲酸二丁酯和经熔化后恒温的顺丁烯二酸酐缓缓倒

入 55~60°C 的环氧树脂中, 见图 1.7, 利用搅拌机慢速搅拌, 使混合料恒温在 55~60°C, 对于 5kg 的混合料一般搅拌 1.5~2h. 混合液容器放在油浴中恒温, 油盆下面放有电炉, 用以调节混合液的温度.

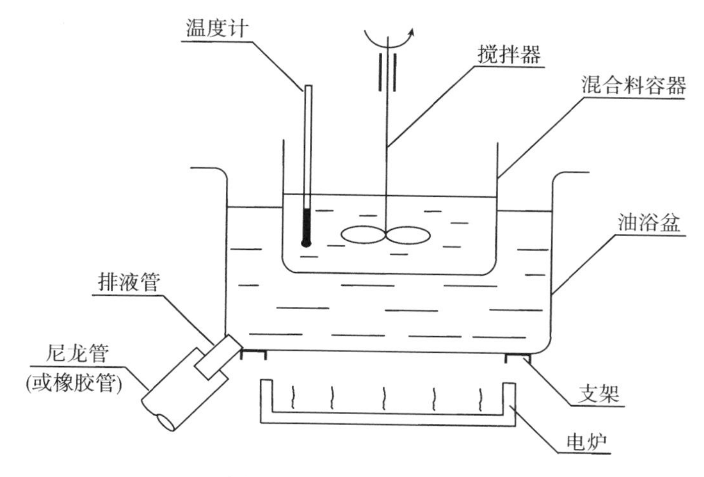

图 1.7 油浴加热示意图

(5) 搅拌完毕后, 将混合液放入 50°C 电热箱中恒温 1h, 以排除气泡, 或放入真空干燥箱中抽真空 10~20min.

(6) 将 45~50°C 混合液按图 1.8 所示的底浇铸法缓缓将混合液注入经过预热的模具中, 浇铸的流量和速度使用注入混合液的管卡子来调节, 这样

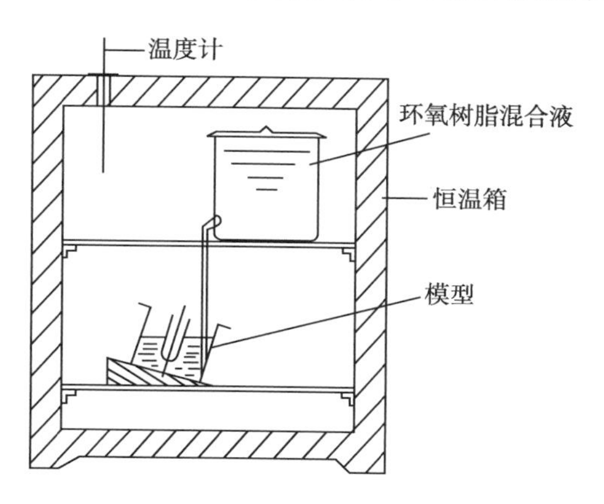

图 1.8 底浇铸法

做可以防止混合液注入模具中产生气泡. 浇铸完毕后, 根据模型形状可以

把模型底部放到水平位置或稍微倾斜位置, 以利于排出混合液中的气泡.

1.4.2　混合液的固化方法

1. 一次固化法

对于厚度小于 10mm 的平板材料和形状比较简单的模型, 可采用一次固化法, 混合液固化曲线建议使用图 1.9 所示的曲线. 先在 55~60°C 下恒温, 以后升至 105°C 再恒温一段时间, 在室温下拆模.

按一次固化法制成的平板模型材料存有初应力, 需要对其进行退火, 退火的方法是: 先将平板四边切去 3~4mm, 去除毛刺, 对使用甲苯–聚苯乙烯脱模剂的板材要依次用酒精和丙酮擦去平板表面的脱模剂, 然后把平板放到干净的玻璃上, 其间涂一薄层硅油或变压器油, 平板上表面蒙一张软纸. 退火曲线如图 1.10 所示.

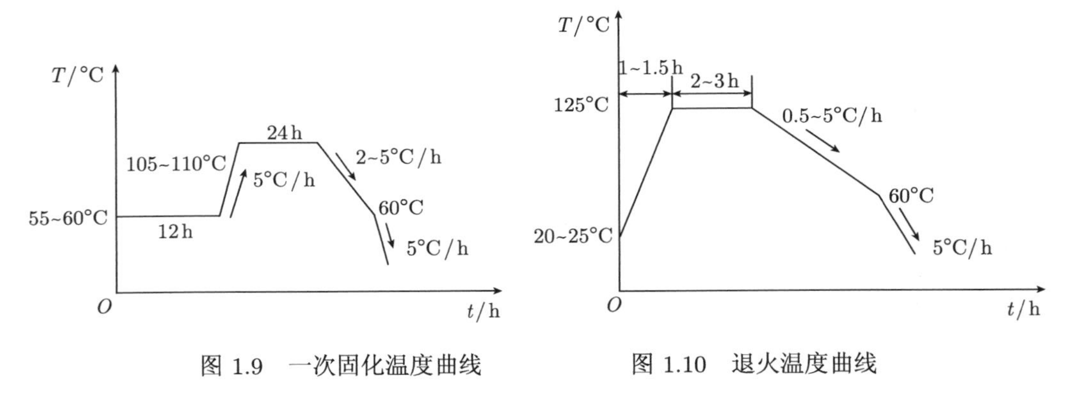

图 1.9　一次固化温度曲线　　图 1.10　退火温度曲线

按一次固化法制成的三维模型也存有初应力, 如使用 0.5mm 后的白铁皮做成的厚壁筒模具, 应用一次固化法, 做成一个厚壁筒模型. 由于混合液在固化过程中材料的收缩, 而厚壁筒模具的内芯白铁皮有一定刚度, 使材料不能自由收缩, 故经过一次固化法制成的模型产生初应力, 对厚壁筒模型截取一个横向环形切片, 其初应力产生等差线如图 1.11 所示. 将此模型放入变压器油中按图 1.10 进行退火, 截取一个横向切片, 则其初始等差线基本可以消除, 如图 1.12 所示.

图 1.11 退火前的等差线

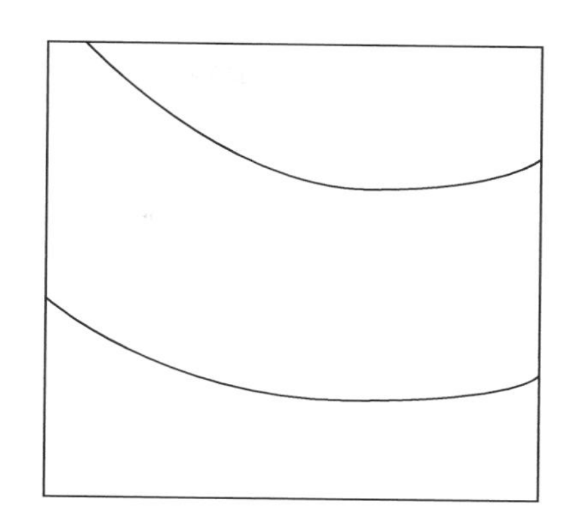

图 1.12 退火后的等差线

2. 二次固化法

对于形状复杂, 尤其是模型各部位之间几何形状或尺寸变化比较大的过渡部位, 很容易产生初应力. 这是因为混合液在固化过程中是发热反应, 不希望模型内部在固化过程中各部分的温差太大, 否则造成各部分固化的速度不同, 所以要求混合液在升温阶段有较慢的升温速度, 故提出两次固化法, 即把固化全过程分成两个阶段进行, 对于模型最大厚度小于 80mm 的模型, 其固化曲线如图 1.13 所示.

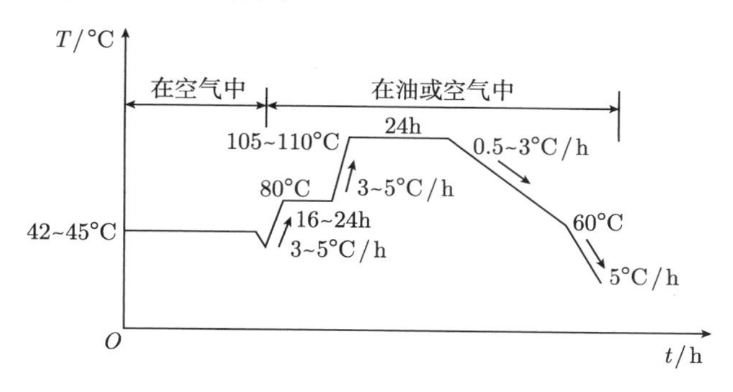

图 1.13 二次固化温度曲线

1) 第一阶段固化

在 42~45°C 的电热箱中恒温, 保持 5~7d, 在固化初期用玻璃棒沾上模型表面的混合料, 这时混合液很快从玻璃棒滴下, 随着天数的增加, 再用玻璃棒沾上混合料, 这时混合料滴下的速度很慢. 天数再增加, 玻璃棒上的

混合料会拉丝 (好像拔丝山药的糖丝). 天数再增加, 用手指轻轻按下表面混合料, 则有按 “软块糖” 的手感. 天数再增加, 则手按混合液有 “软橡皮” 的感觉, 这时混合料处于弹性状态, 一般称为胶凝态, 这就是第一阶段的固化. 随后把模具拆开, 注意这时模型虽已成形, 但材料性质较脆, 所以拆模具用力不可太大, 以免模型产生裂纹. 锯掉飞边及浇冒口, 用乙醇棉球清洁模型表面.

2) 第二阶段固化

将模型放在空气或变压器油中进行第二阶段固化. 从室温开始升温, 经过 80°C 和 105~110°C 的两次高温阶段的固化. 模型固化后体积收缩率约 4%, 而混合料胶凝时约占其一半. 由于在第二阶段固化过程中, 模型基本上处于无约束状态, 所以第二阶段固化也相当于一个退火过程, 所以模型浇铸初应力较小.

3. 环氧树脂光弹性材料的 “云雾” 现象

所谓 “云雾” 是指光弹性切片材料在光弹仪圆偏振光暗场下呈现的不规则的 “云带状” 亮线, 称为云雾, 图 1.14 是从圆柱体光弹性模型中截取的横切片, 图 1.14(a) 是有 “云雾” 的照片, 图 1.14(b) 是没有 “云雾” 的照片.

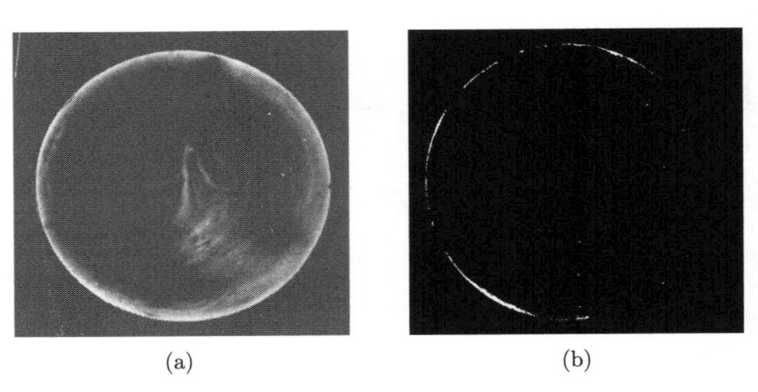

(a) (b)

图 1.14 光弹材料中的 “云雾” 现象

1.5 减少环氧树脂光弹性材料的 “云雾” 现象

环氧树脂光弹性材料的 “云雾” 是不能用退火法消除的. 严重的 “云

雾”将使等差线条纹发生锯齿状的错动，等倾线也被干扰. 因此，消除“云雾”是提高光弹性材料质量的重要工作.

下面简要介绍有关“云雾”的产生原因及减少“云雾”的措施：

(1) 原材料的纯度不高. ① 工业用的环氧树脂除含有挥发物外，还有机械杂质. 建议将环氧树脂在 120°C 下恒温 2~3h，通过搅拌和抽真空，使挥发物逸出. 然后，用细铜网过滤. ② 尽管使用分析纯的顺丁烯二酸酐，为难免会产生沉淀物. 常用的办法是在 60~65°C 下水浴加温，弃去沉淀物，保留洁净的无色液体.

(2) 搅拌混合物的温度过高和搅拌不均匀. 混合液在搅拌过程中产生固化反应热，如搅拌温度过高，会使混合液温度升高，从而使固化反应加速，造成材料的过热，并使材料的温度不均匀. 如果在 55~60°C 下搅拌速度不要太快，并适当延长搅拌时间，使浇铸模型前混合液的固化反应热慢慢地大量放出，并使材料得到均匀的混合，这样，材料的“云雾”就可以减少.

(3) 模型内部温度不均匀. 为了使模型内部的温度不太高和温差不太大，一般使用比较低的固化温度，同时把模具放在烘箱中进行浇铸.

(4) 过量的固化剂会引起离析或聚集现象，从而形成“云雾”.

(5) 材料在胶凝前的约束必须尽量小，否则部分的初应力可能冻结在高分子的结构中，因此也会形成“云雾”.

第 2 章　光弹性模型的机加工方法、光弹性材料性能及其测定方法

2.1　概　　述

为了保证模型形状和尺寸的精度，一般通过机加工方法使光弹性模型成形，并可消除或减少模型表面的初应力. 模型冻结应力后，还要对模型进行切片和磨片. 如果机加工的工艺不妥，还要产生加工应力.

光弹性材料性能测量准确性将直接影响光弹性模型实验的精度. 为对光弹性材料的性能进行对比，以及评价新型光弹性材料的优劣，需要对光弹性材料性能进行测试.

2.2　模型的机加工

使用精密浇铸方法 (如应用硅橡胶模具浇铸) 做出的光弹性模型虽然形状和尺寸比较精确，但模型表皮材料会产生物理和光学性质的改变. 此外，有些模型虽然经过退火，但在某些表皮仍产生一些初应力. 为此，可以通过机加工的方法对模型进行精密加工.

2.2.1　环氧树脂光弹性模型机加工的特点

(1) 环氧树脂光弹性材料比有机玻璃硬，韧性稍差，略带脆性，容易崩裂.

(2) 该材料传热性差，切削热不易很快散出. 如果温度过高，材料甚至可以烧焦，同时加工应力也会冻结在模型中. 在机加工过程中，光弹性材料温度应控制在 50~60°C.

(3) 该材料在机加工过程中略带黏性，机加工刀具与该材料直接摩擦的切削热不易散出，所以刀具易磨损.

2.2.2 机加工的一般方法

环氧树脂光弹性材料可以使用车、铣、镗、刨、钳 (如钻、锯、锉) 等机加工工艺. 下面以车削为重点介绍加工方法:

(1) 刀具. 刀具要锋利. 为减少与被加工面的摩擦, 后角应比加工金属的大些. 由于环氧树脂材料对刀尖的磨损大, 在正前角上磨出一定的负倒棱, 用以增强刀尖强度. 刀具材料可用白钢、锋钢或硬质合金等. 车刀的几何形状如图 2.1 所示, 车刀的刚性要大, 否则将使加工精度下降, 甚至由于刀具的振动, 会使加工表面光洁度低，甚至导致模型开裂. 对于要求精度高的弧形尺寸需使用成形刀具.

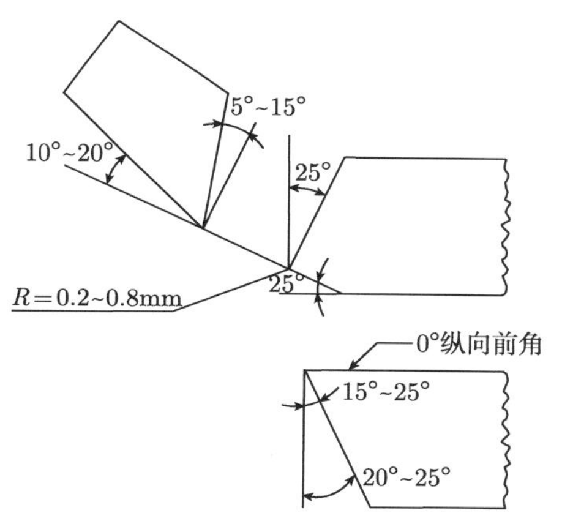

图 2.1 车刀几何形状

(2) 切削量要根据模型尺寸的大小和形状的复杂程度具体选择. 一般为：① 切削深度. 粗车为 0.1~1mm, 精车为 0.02~0.2mm. ② 切削速度. 一般为 50~130m/s, 精车可稍快些. ③ 走刀量对加工的表面光洁度和加工应力影响很大, 走刀量越小, 则加工表面光洁度越高, 一般精车走刀量为 0.02~0.06mm/r.

至于镗刀、刨刀、铣刀、钻头的几何形状可参考车刀形状. 为减小钻头与加工面的摩擦, 建议把钻头导角减小为 90° ~105°. 加工直径稍大的孔时, 建议采用分级钻孔, 先钻小孔, 然后逐级扩大, 钻孔过程中应经常退出钻头, 及时排屑, 走刀量要小. 钻孔时采用压缩空气冷却效果比较好, 也可使用机油冷却. 为了防止出刀时孔边崩裂, 建议在模型下面垫一块塑料板.

铣切时最好在刀盘上装一把单刀, 因为它对模型施加的压力和产生的切削热较小. 无论采用什么刀具加工, 当刀具离开模型时, 都易产生崩边现象, 所以吃刀和退刀的方向要细心安排.

(3) 冷却方法. 采用压力为 0.2~0.4MPa 的空气冷却效果较好. 为了防止粉尘飞扬, 要有防尘保护措施. 也可使用机油冷却, 不宜用肥皂水冷却, 因水分易使材料产生时间边缘效应.

在此强调指出：环氧树脂光弹性模型表面机加工的质量好坏, 可以通过切削的屑的形状和松软程度来判别. 如果切削深度、切削速度和走刀量选择不当, 则刀屑和铣屑如同 “冰糖渣”, 则说明加工应力大, 表面光洁度也低. 如果刀屑和铣屑是连续的小条, 而且又松、又软, 说明加工应力小, 同时表面光洁度也高. 另外, 增大图 2.1 中 R, 可以使机加工的表面光洁度有所提高.

2.2.3　三维光弹性模型的切片和磨片方法

1. *切片方法*

(1) 手锯切片：在已冻结应力的模型上划出切片位置线(切片厚度要考虑模型的尺寸、形状和测试仪器的类型, 一般厚度 d=1~5mm, 等差线条纹级次 n=2~5), 并留有加工余量 1.5~2mm. 然后用比较粗锯齿的手钢锯切片, 为减小摩擦生热的温度, 用两把锯轮换使用, 用机油冷却, 为防止有冻结应力产生, 温度应控制在 60°C 以下为佳.

(2) 锯片铣刀切片：在铣床上用锯片铣刀切片. 锯片铣刀在转动过程中摆动要小, 否则铣刀与被切模型接触面摩擦生热, 以致把模型已冻结的应力退掉, 甚至把接触面烧焦. 模型在铣床上的装卡要稳固, 否则模型与铣刀摩擦加大, 同时切片根部也容易产生裂纹. 如果切片深度很大, 建议不要把切片全部切下来, 可以留一部分尺寸, 然后用手锯把切片切下来.

2. *磨片方法*

1) 砂纸的选择

建议选用水砂纸, 其粗、细按粒度 (grain size) 的牌号分为：#220、#240、#280、#320、#400、#600、#800、#1000、#1200、#1500、#2000、#3000、

#5000. 牌号的数字表示每平方厘米面积的颗粒数. 光弹性切片一般选#220~#800 就可以了. 如果切片要在偏光显微镜下进行测试则再增用几个细号等级.

在此强调指出, 切片在磨光过程中, 必须按次序连续使用#220, #240, #280, ···, 不能跳跃牌号, 否则最终磨出的切片上, 还会留有划痕.

2) 切片磨光的方法

用胶带把整张水砂纸四边固定在平板玻璃板上 (厚度约 5mm). 另外, 用双面胶带或粘接性不强的 502 胶水把经粗磨一面的切片粘在玻璃板上, 玻璃板的另一面粘上一个金属手把. 在磨片的过程中, 用螺旋测微计可以及时检查切片厚度的均匀性.

2.2.4 平面模型的加工工艺

为减小加工应力, 手锯下料时要用粗齿钢锯, 锯料速度要慢, 否则光弹性模型材料发热, 从而产生加工应力.

对于形状比较简单的平面模型可以在铣床、钻床上加工, 再配合钳工成型. 对于形状复杂, 尤其是非对称平面模型, 如应用机床加工既费时, 又难以保证形状与尺寸的精度, 建议先用 3~5mm 厚的钢板做一对样板 (用两个定位销定位, 另用两个螺栓固紧), 应用线切割使钢板精密成型, 然后把光弹性平板材料夹在两样板之间, 在铣床上进行初加工, 边缘留 1~2mm 加工余量, 最后再用钳工 (锉) 成型, 这样做加工应力很小.

如果模型在加工过程中产生比较大的初应力, 可以在模型精加工以前, 安排一次退火, 可以使加工应力基本消除.

2.3 模型的粘接 [2]

有的模型是由几部分或由不同弹性模量的材料所组成, 可以通过粘接的办法, 将各部分粘为一个整体.

常用的室温固化粘接剂按重量的配比为环氧树脂 ：乙二胺 ：邻苯二甲酸二丁酯 =100 : 6 : 5~10. 其粘接工艺如下：

(1) 将模型被粘接面在铣床上加工, 再用乙醇或丙酮擦净;

(2) 将环氧树脂模型在 30~40°C 下预热;

(3) 预热后随即在室温下涂粘接剂, 并进行粘接, 粘接剂只需涂一薄层, 不要太厚;

(4) 检查粘接缝有无空隙或气泡. 如果所用的粘接材料中气泡多, 则需要把调匀的粘接剂先进行抽真空, 以排出粘接剂中的气泡, 然后再涂粘接剂.

(5) 将粘接后的模型置于恒温箱中, 并对粘接面施加一定压力, 在 50°C 以下, 恒温 3~4h, 使粘接剂固化.

使用乙二胺作为固化剂时, 粘接剂的放热峰值高, 粘接应力较大. 如果选用三乙烯四胺作为固化剂, 则使其放热峰值降低, 粘接应力减小.

实验指出, 对于弹性模量相同的模型材料, 在 50°C 以下进行粘接不会产生显著的粘接应力. 但粘接模型经 "冻结" 后, 会产生粘接拉应力. 不同材料粘接的模型, 在 50°C 以下进行粘接也不会产生太大的粘接应力, 但 "冻结" 后会产生了较大的粘接应力.

2.4 光弹性材料性能及其测定方法 [7,12]

2.4.1 室温下模型材料性质及其测定方法

1. 材料条纹值 f_σ(MPa·cm/条)

由 $f_\sigma = \lambda/c$ 知, f_σ 与材料的应力–光性常数 c 及光源的波长 λ 有关, 而与模型的形状、尺寸及受力方式无关. 通常使用径向受压圆盘试件测定 f_σ 值. 图 2.2(a) 表示圆盘试件的加载架, 图 2.2(b) 为圆盘试件的等差线.

测试方法是使用单色光光源或水银光配有滤波片, 载荷 P 的大小选择使圆盘中心的条纹级次达 3~4 级为宜, 受载 15min 时, 用 Tardy 补偿法测取圆盘中心点的条纹级次 n.

径向受压圆盘中心点主应力弹性力学理论解为

$$\sigma_1 = \frac{2P}{\pi dD}, \quad \sigma_2 = -\frac{6P}{\pi dD}$$

式中, D 为圆盘直径; d 为其厚度.

由式 $\sigma_1-\sigma_2=\dfrac{nf_\sigma}{d}$ 可得

$$f_\sigma=\frac{8P}{n\pi D} \tag{2.1}$$

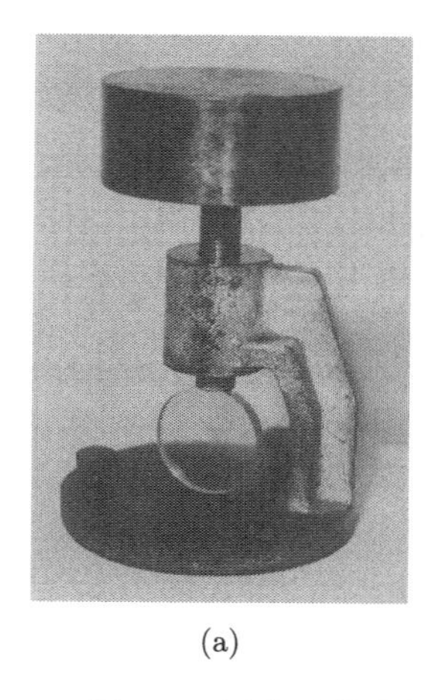

(a)

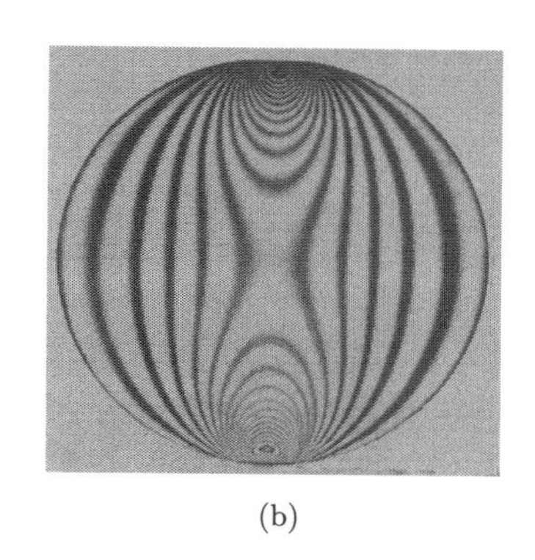

(b)

图 2.2 圆盘试件的加载架 (a) 与圆盘试件的等差线 (b)

f_σ 测量得是否准确将直接影响到实验精度. 为考虑材料光学蠕变和测试温度的影响, 在室温下测定 f_σ 时, 由加载起到测定条纹级次的时间间隔以及测定时的室温温度均应与模型试验时一致. 测量结果必须注明单色光源的波长和测试温度.

2. 光学比例极限 σ_p(MPa)

采用小型拉伸试件, 如图 2.3 所示. 光学比例极限是指轴向拉伸时,

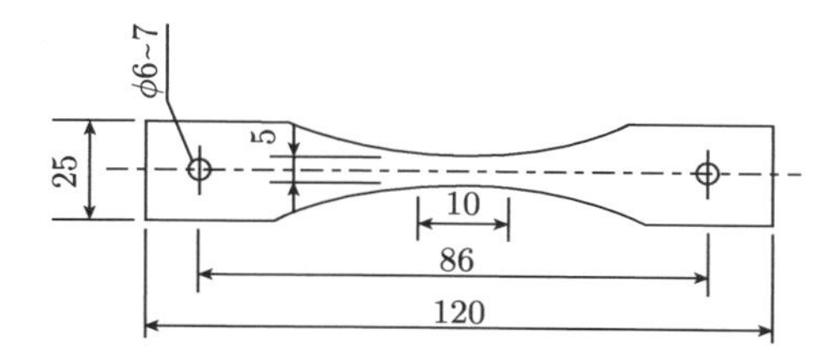

图 2.3 小型拉伸试件 (单位：mm)

条纹级次与应力呈线性关系的最大拉应力. 为了便于测量, 偏离线性关系 2%(AB/AC=2%) 时的应力值作为名义光学比例极限. 图 2.4 表示出名义光学比例极限的确定. 图 2.5 是拉伸试件的等差线照片.

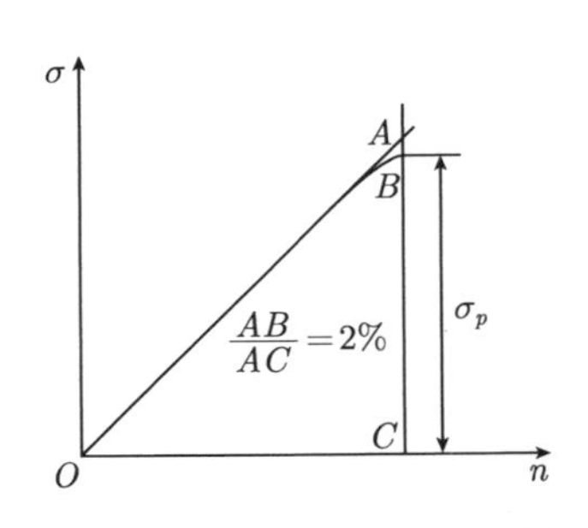

图 2.4 名义光学比例极限的确定

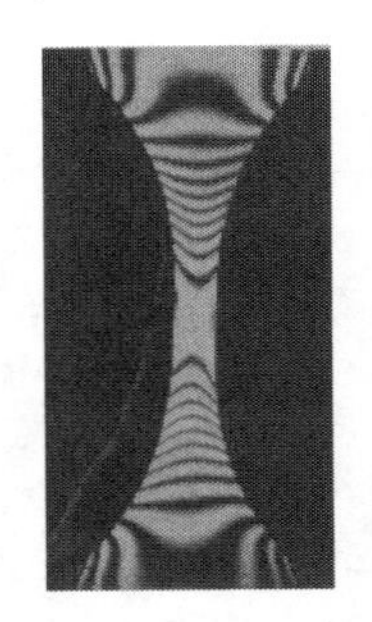

图 2.5 拉伸试件的等差线

#634 环氧树脂光弹性材料在室温下的光学比例极限为 σ_p =31~32MPa, 相当于 1cm 厚的模型上产生 25~27 级等差线.

3. 弹性模量 E 和横向变形系数 μ

可采用如图 2.6 所示的宽型拉伸试件. 用标距为 20mm 的杠杆变形仪分别测量加载 15min 时的纵向变形和横向变形, 从而可测得 E 和 μ 值. 也可以采用电阻应变计测量变形.

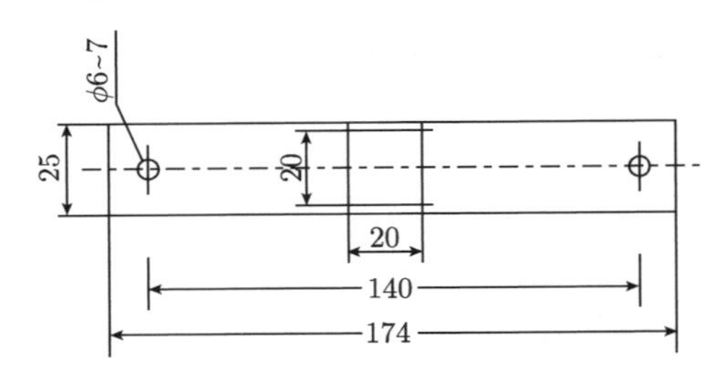

图 2.6 宽型拉伸试件 (单位: mm)

4. 相对光学蠕变量 φ

在恒定载荷下, 条纹级次随时间而增加的百分率称为相对光学蠕变量. 也采用图 2.3 的拉伸试件.

使用单色光源, 加载使试件中段的条纹级次为 7 级左右, 加载后 0.5 min 和 t min 分别测取对应的条纹级次, 求得对应 t min 时的相对光学蠕

变量

$$\varphi_t = \frac{n_t - n_{0.5}}{n_{0.5}} \times 100\% \tag{2.2}$$

实验表明, 蠕变现象在加载后最初几分钟比较显著, 经 30 min 后, 就逐渐缓慢. #634 环氧树脂材料的光学蠕变曲线如图 2.7 所示.

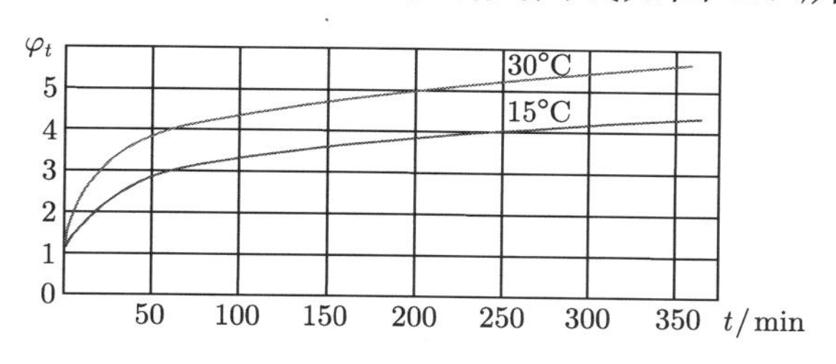

图 2.7 光学蠕变曲线

2.4.2 冻结温度下模型材料性质及其测定方法

测定模型材料热光曲线的实验装置如图 2.8 所示, 将圆盘安放在电热箱中, 电热箱左和右各有一个透明玻璃门, 并将电热箱安置在光弹仪圆偏振光暗场的试件位置.

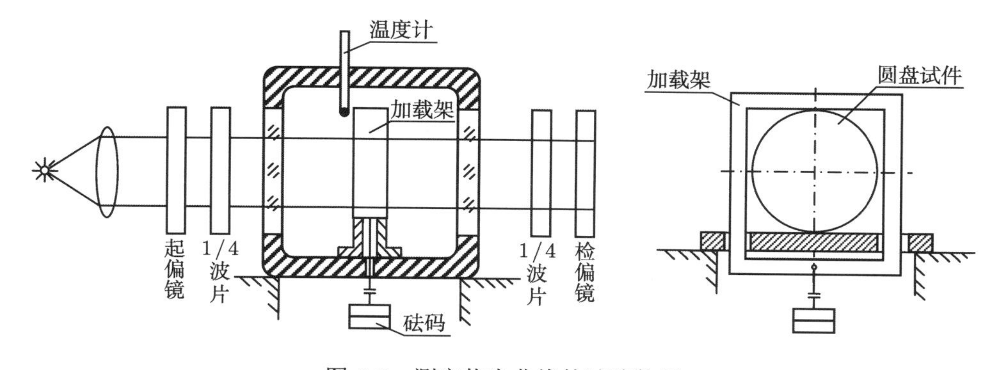

图 2.8 测定热光曲线的试验装置

1. 热光曲线与冻结温度

热光曲线反映光弹性材料的人工双折射性能随温度而变化的规律, 用图 2.9 所示的条纹级次和温度关系曲线表示. 试件采用径向受压圆盘, 其直径为 30~40mm, 厚度为 5~8mm, 加载大小按材料在高弹态下圆盘中心点条纹级次为 3~4 级为宜.

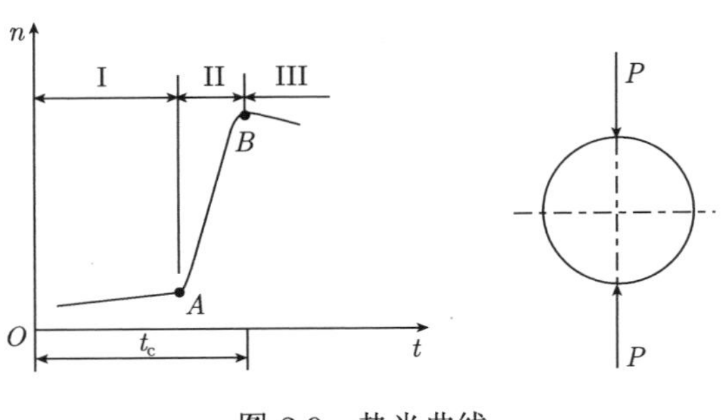

图 2.9 热光曲线

热光曲线的测量步骤如下：在室温下加载, 用 Tardy 补偿法测取圆盘中心的条纹级次, 然后卸载并升温, 取温度间隔 Δt=10°C, 到达指定温度后恒温 15min, 加载 10s 时用补偿法再进行测数. 然后卸载并继续升温, 按这种方法测定出一组数据 (n 和 t).

第 I 阶段称为玻璃态. 特点是弹性模量 E 大, 蠕变小.

第 II 阶段称为过渡态. 特点是在较小的温度范围内材料的 E 和 f_σ 大幅度降低, 蠕变大.

第 III 阶段称为高弹态 (或橡胶态). 特点是材料呈完全弹性, E、f_σ 都比第 I 和第 II 阶段的小得多.

A 点称为玻璃化温度, B 点称为临界温度 t_{c}, 临界温度时材料在加载后变形迅速达到最大, 卸载后变形又迅速消失的最低温度. 通常取比临界温度高 5°C 作为冻结温度 t_{C}. 一般也以此温度作为材料的退火温度.

2. 冻结材料条纹值 $f_{\sigma t}$

一般选用径向受压圆盘试件, 在冻结温度下加载, 在载荷不变的条件下缓缓冷却到室温卸载, 然后测量该冻结圆盘中心点等差线条纹级次 (载荷大小以使圆盘中心的条纹级次在冻结温度下为 3~4 级为宜). 按式 (2.1) 可求得冻结材料条纹值 $f_{\sigma t}$. 应注明光源的波长和材料的冻结温度.

3. 冻结材料弹性模量 E_t 和横向变形系数 μ

可使用图 2.6 所示的宽型拉伸试件, 预先在其表面用刮脸刀片刻划标距为 20mm 的纵向和横向细线痕, 试件冻结应力后, 在无载的情况下, 用光学放大仪器精确测量冻结后的标距尺寸, 从而得到 E_t 和 μ 值. 为避免在冻结温度下试件销孔处截面断裂, 建议利用夹板通过螺钉将试件夹紧, 靠摩擦来传力.

4. 冻结温度下材料的光学比例极限 σ_{pt}

与测量室温下的光学比例极限方法相同. #634 环氧树脂光弹性材料在 110°C 下的光学比例极限 $\sigma_{pt} = 0.88\text{MPa}$, 相当于 1cm 厚的模型上产生 28 级次等差线.

5. 材料的质量系数 K

材料的质量系数 K 定义为

$$K = \frac{E}{f_\sigma} \times 10^{-3} \tag{2.3}$$

这是衡量材料优劣的一个综合性指标. 进行模型实验时, 希望材料的 E 值比较大 (即模型的变形比较小) 而 f_σ 比较小 (即材料的灵敏度比较高). 材料的质量系数越大越好. 冻结温度下式 (2.3) 中的 f_σ 用 $f_{\sigma t}$ 替换.

2.4.3 几种典型光弹性材料的光学和力学性质的测试

1. 室温下材料条纹值 f_σ(MPa·cm/条)

使用圆盘试件, 直径 D=33.3mm, 水银光配有绿色滤波片, 室温为 16°C. 通过实验得知, 室温下材料条纹值和圆盘加载到测定条纹级次的时间间隔 Δt 有关. 由图 2.10~ 图 2.13 四种材料的 f_σ 和 Δt 关系曲线可以看出, 当

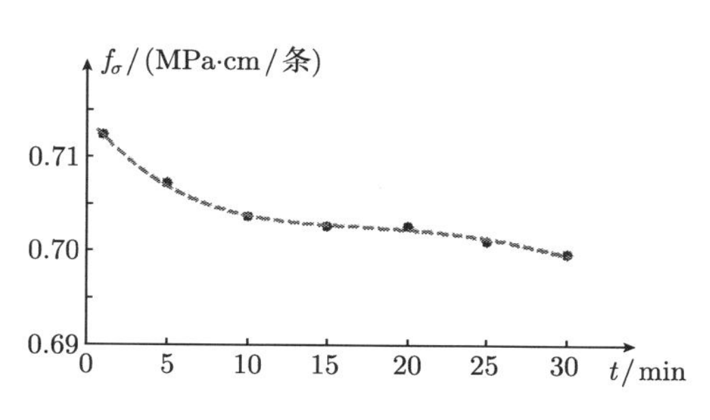

图 2.10 PSM-1 室温下材料条纹值的测定

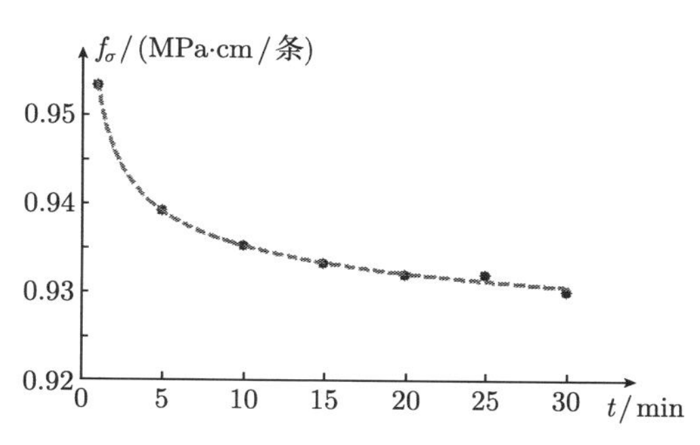

图 2.11 PSM-5 室温下材料条纹值的测定

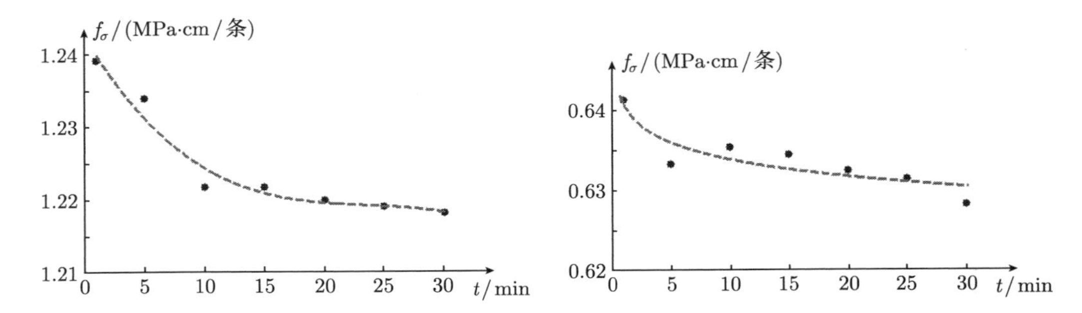

图 2.12 PSM-9 室温下材料条纹值的测定 图 2.13 PC(聚碳酸酯) 室温下材料条纹值的测定

取 10~15min 时, 材料条纹值 f_σ 基本稳定下来. 通常选此时间段作为测试条件.

在这四种材料中, 聚碳酸酯和 PSM-1 室温材料条纹值比较小, 即材料灵敏度比较高. PSM-9 室温材料条纹值比较大, 室温材料灵敏度低.

2. 室温下光学比例极限 σ_p(MPa)

试件如图 2.3 所示, 水银光配有绿色滤波片, 在室温 10°C 下, 试件加载 1min 时测量试件中央条纹级次, 再过 1min 继续加载, 然后再过 1min 测量条纹级次, 以此类推. 图 2.14~ 图 2.17 给出四种材料的拉伸载荷 P 和试件中央条纹级次 n 的关系曲线.

如图 2.18 所示, 根据轴向拉力 P 和条纹级次 n 的关系曲线, 按照 AB/AC=2%的规定, 可以求出对应光学比例极限的轴向拉力 P_p, 建议按下述方法确定 P_p 点的位置:

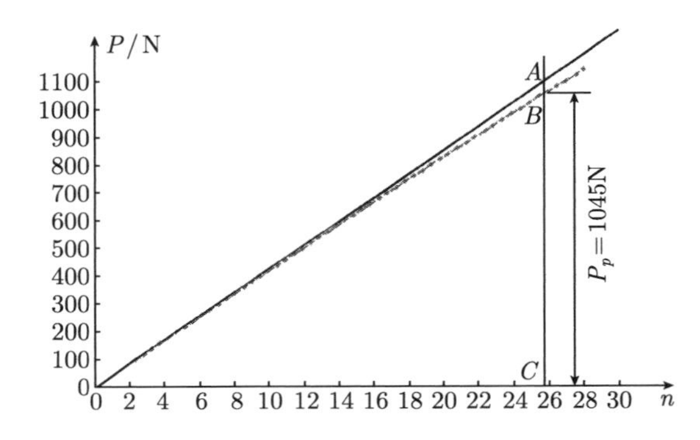

图 2.14 PSM-1 材料拉伸载荷 P 和条纹级次 n 的关系曲线

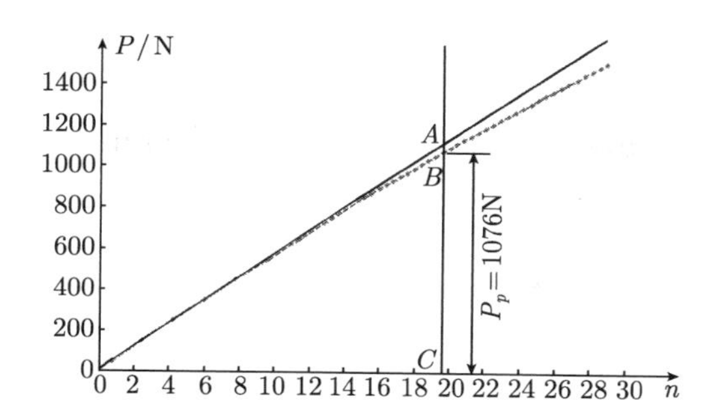

图 2.15 PSM-5 材料拉伸载荷 P 和条纹级次 n 的关系曲线

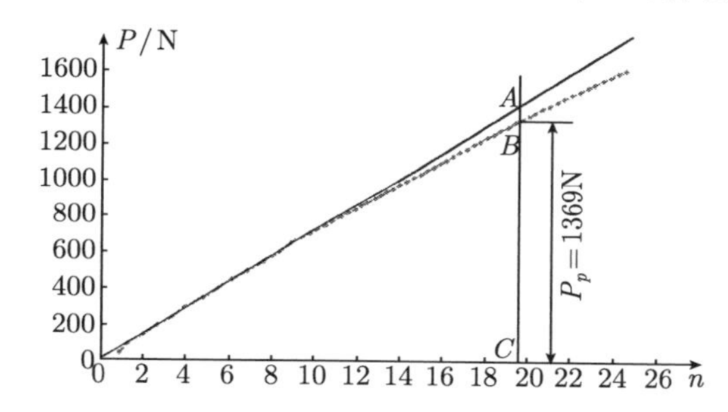

图 2.16 PSM-9 材料拉伸载荷 P 和条纹级次 n 的关系曲线

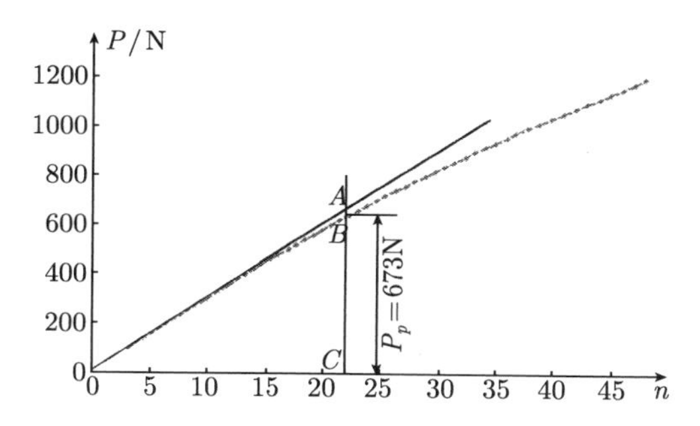

图 2.17 PC(聚碳酸酯) 材料拉伸载荷 P 和条纹级次 n 的关系曲线

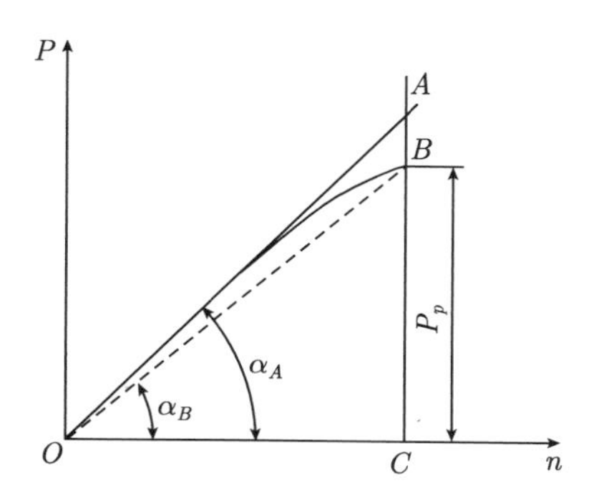

图 2.18 光学比例极限的确定

由 P-n 曲线直线段的延长线所构成的 $\triangle OAC$ 可知

$$\tan\alpha_A = \frac{AC}{OC} \tag{a}$$

由 P-n 曲线 O 和 B 点连线所构成的 $\triangle OBC$ 可知

$$\tan\alpha_B = \frac{BC}{OC} \tag{b}$$

由式 (b)/式 (a) 得

$$\tan\alpha_B = \tan\alpha_A \frac{BC}{AC} = \tan\alpha_A \frac{98}{100} = 0.98\tan\alpha_A \tag{2.4}$$

式中,

$$\tan\alpha_B = \frac{BC}{OC} = \frac{P_p}{n_C} \tag{c}$$

$$\tan\alpha_A = \frac{\Delta P}{\Delta n} \tag{d}$$

将式 (c) 和式 (d) 代入式 (2.4) 得

$$\frac{P_p}{n_C} = 0.98\frac{\Delta P}{\Delta n} \tag{2.5}$$

式中, $\Delta P/\Delta n$ 是根据 P-n 曲线的直线段试验数据载荷增量 ΔP 和条纹级次增量 Δn 求出.

式 (2.5) 的物理含义是: 在 P-n 曲线上任一点 i 都可以求出值 $(P/n)_i$, 当某个特殊点 $(P/n)_i$ 值等于 $(0.98\Delta P/\Delta n)$ 时, 这个特殊点的载荷值就是 P_p, 对应的拉应力即为光学比例极限 $\sigma_P = P_p/A$. 式中 A 为试件中央横截面面积.

表 2.1 给出四种材料室温光学比例极限测试结果

表 2.1 四种材料室温光学比例极限

材料类型	σ_p/MPa
PSM-1	106
PSM-5	108
PSM-9	136
PC	72

3. 室温下弹性模量 E 和横向变形系数 μ

试件如图 2.5 所示, 采用放大系数 K=1200 的杠杆变形仪测量纵向和横向变形, 标距为 20mm, 加载 15min 读数, 室温 10°C. 表 2.2 给出五种材料室温弹性模量 E 和横向变形系数 μ 的测试结果.

表 2.2 五种材料室温弹性模量 E 和横向变形系数 μ

材料类型	E/GPa	μ
PSM-1	2.53	0.316
PSM-5	3.33	0.340
PSM-9	3.20	0.338
PC	2.39	0.337
有机玻璃	2.94	0.320

4. 室温下光学蠕变曲线

试件见图 2.3 所示, 水银光配有绿色滤波片, 在室温 10°C 下, 加载使试件中央产生 7 级条纹, 加载 0.5min 测得试件中央条纹级次为 $n_{0.5}$, 延续 t min 测得条纹级次为 n_t, 一直连续测试至 90~180min 为止. 任一时刻的相对光学蠕变量 (简称光学蠕变量) φ_t 的计算值见式 (2.2).

φ 和 t 的关系曲线称为光学蠕变曲线. 图 2.19~ 图 2.22 给出四种材

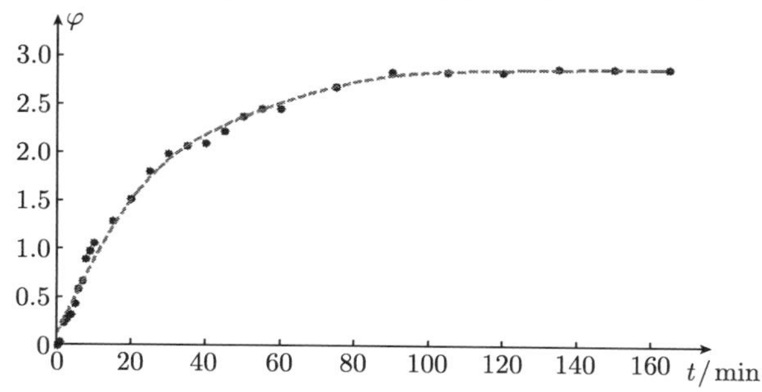

图 2.19 PSM-1 材料室温下光学蠕变曲线

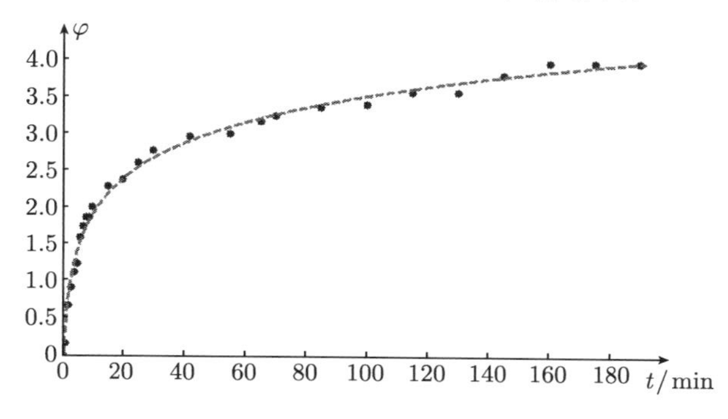

图 2.20 PSM-5 材料室温下光学蠕变曲线

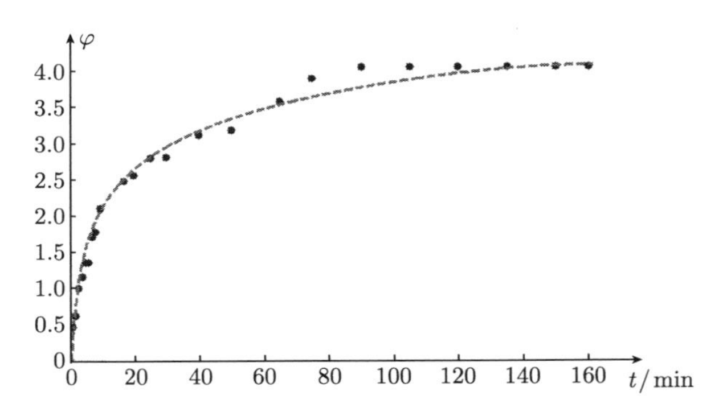

图 2.21　PSM-9 材料室温下光学蠕变曲线

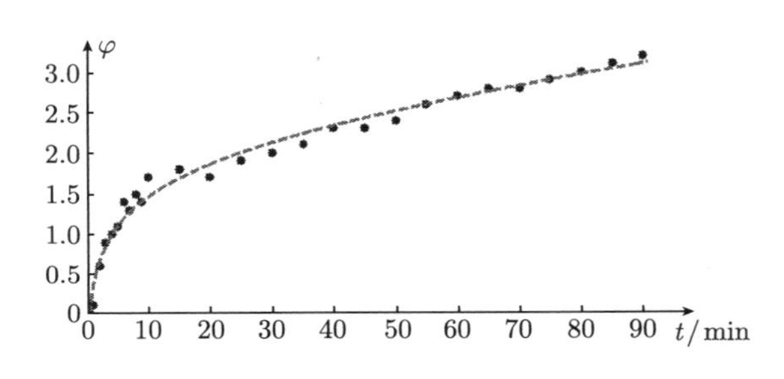

图 2.22　聚碳酸酯材料室温下光学蠕变曲线

料室温光学蠕变曲线. 蠕变现象在加载最初几分钟蠕变量显著增长, 材料 PSM-1, PSM-5, PSM-9 经加载 30min 后蠕变量增长就比较缓慢了, 但聚碳酸酯材料蠕变量的增长并不减缓.

5. 热光曲线与冻结温度

1) PSM-1 热光曲线与临界温度

圆盘直径 D=33.1mm, 厚度 d=6.09mm, 载荷 P=17.1N. 使用水银光配有绿色滤波片, 从室温开始升温至 40°C 恒温 15min, 加载 10s 用 Tardy 补偿法测量圆盘中心点条纹级次 n. 然后卸载并以 10°C 间隔继续升温, 当到达指定温度后恒温 15min, 加载 10s 测量圆盘中心点条纹级次 n, 以此类推. 从热光曲线图 2.23 可以看出, 140°C 以前, 圆盘中心点条纹级次 n 基本上不变. 当温度到达 155°C 条纹级次增至 n=3.09, 在此温度下加载或卸载条纹的出现与消失都是极快的. 当温度到达 160°C 时, 虽然条纹级次瞬时升到 n=10, 但同时圆盘也发生显著变形, 圆盘上下加载点变成平面接触,以致圆盘的等差线分布规律也改变了. 因此, 这种材料虽然在 155°C 左右有冻结应力的性能, 但在 155°C 附近条纹级次不稳定, 当再增加温度时, 其变形增加很大, 圆盘中心点条纹级次迅速减小, 圆盘几乎丧失承载能力. 所以说这种材料不适宜做定量分析用的冻结应力模型材料, 适用于做室温下的模型试验材料.

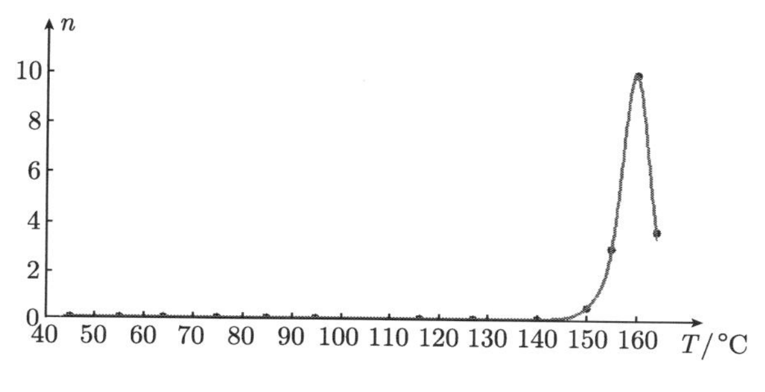

图 2.23 PSM-1 材料热光曲线

2) PSM-5 热光曲线与临界温度

圆盘直径 D=33.0mm, 厚度 d=6.28mm, 载荷 P=12.1N. 使用水银光配有绿色滤波片, 从其热光曲线图 2.24 可以看出, 120°C 以前, 圆盘中心点条纹级次 n 基本上不变. 当温度到达 170°C 条纹级次最大. 如超过 170°C 到达 175°C, 则条纹级次反而略微降低, 但圆盘的变形并不突然增大. 如果由 175°C 降至 170°C 则条纹级次又升高, 恢复到原来对应 170°C 的条纹级次. 在此温度区间加载或卸载, 条纹的出现与消失都是极快的. 所以 170°C 是临界温度. 这种材料可以做冻结应力模型, 但由于温度太高, 会使材料表面性质发生变化, 故这种材料适宜做室温下的模型试验.

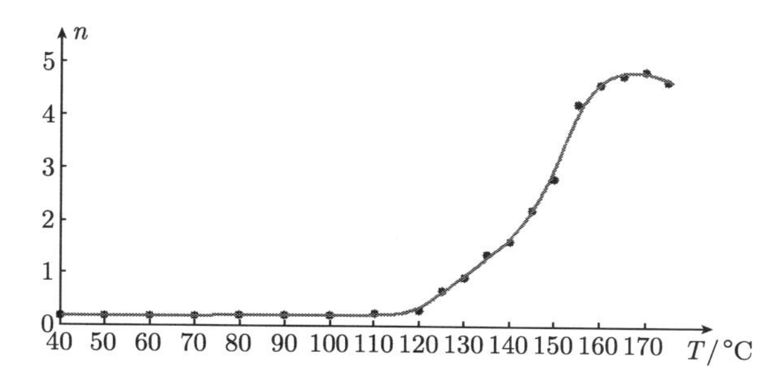

图 2.24 PSM-5 材料热光曲线

3) PSM-9 热光曲线与临界温度

圆盘直径 D=31.35mm, 厚度 d=6.41mm, 载荷 P=12.2N. 使用水银光配有绿色滤波片, 从其热光曲线图 2.25 可以看出, 90°C 以前, 圆盘中心点条纹级次 n 基本上不变. 当温度到达 110°C 条纹级次最大. 如超过 110°C 条纹级次反而略微降低, 但圆盘的变形并不突然增大. 当又返回到 110°C 时, 其条纹级次又恢复到原来 110°C 的条纹级次. 在此温度区间加载或卸载, 条纹的出现与消失都是极快的. 所以 110°C 是临界温度. 这种材料适合做室温和冻结应力模型试验.

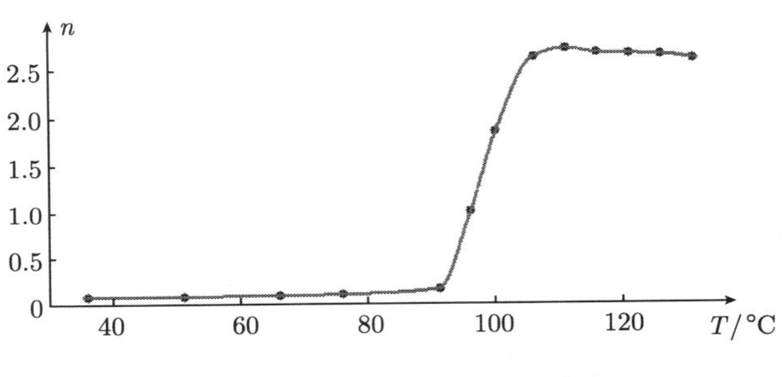

图 2.25　PSM-9 材料热光曲线

4) PC 材料热光曲线与临界温度

圆盘直径 D=32.6mm, 厚度 d=4.835mm, 载荷 P=17.1N, 使用水银光配有绿光滤波片, 从热光曲线图 2.26 可以看出, 153°C 以前圆盘中心点的条纹级次变化很小. 在 153~175°C, 条纹级次变化率甚大. 当温度到达 175°C 时, 条纹级次增至 n=4.33, 但紧跟着圆盘试件变形剧增, 圆盘上下着力点由 “线接触” 变为 “较大面积接触”, 条纹级次也随之减小, 圆盘试件已失去承载能力. 当温度再降低时, 圆盘变形也不能恢复. 所以说这种材料不适宜做冻结应力模型材料. 在此指出, 如果不做应力的精确定量分析, 也可以利用这种材料高温下应力–应变的非线性关系和高温下大变形的特性, 针对压力加工的力学行为进行模拟试验.

在此着重指出, 为了减小或消除光弹性材料的初应力, 一般都根据其热光曲线找到的临界温度 t_c 再加 5°C 作为退火温度. 但对于聚碳酸酯材料的退火应特殊注意, 建议将 5cm×5cm 的聚碳酸酯板材立放在具有前后观测窗的电热箱中, 如图 2.8 所示, 并将电热箱安置在光弹性圆偏振暗场的光路中. 从室温升至 90°C, 随着温度的继续增加, 观察到的初应力等差线级次会逐渐减小. 当达到 95~130°C (视不同型号的材料有所不同) 时, 初应力等差线会突然大部分减少, 这时的温度可作为材料的退火温度. 在此强调指出, 如果温度再高, 则聚碳酸酯材料内部会出现非常多的气泡, 并伴随体积的膨胀. 因此, 对退火温度的控制非常重要.

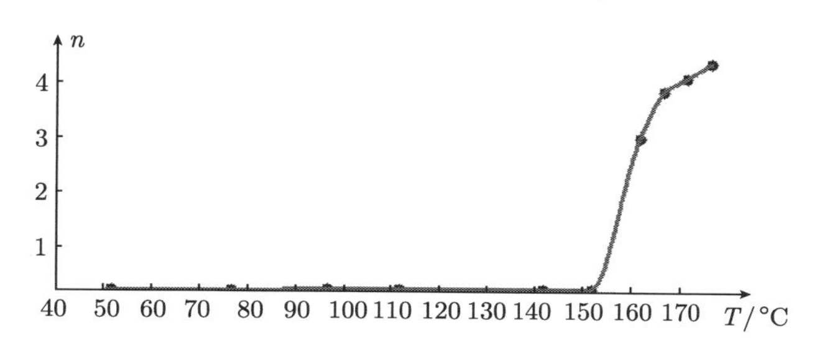

图 2.26 PC 材料热光曲线

5) 有机玻璃热光曲线与临界温度

圆盘直径 D=38.7mm, 厚度 d=5.13mm, 载荷 P=14.7N, 使用水银光配有绿光滤波片, 从热光曲线图 2.27 可以看出, 68°C 以前圆盘中心点的条纹级次 n 基本不变. 当温度到达 87°C 时条纹级次最大, 但是这种材料的最大条纹级次还不够 0.1 级, 这种材料对等差线的光学灵敏性远远小于 PSM-5、PSM-9 和环氧树脂光弹性材料. 但这种材料对等倾线仍然有很高的灵敏性. 因此, 有机玻璃材料不满足做冻结应力试验的要求.

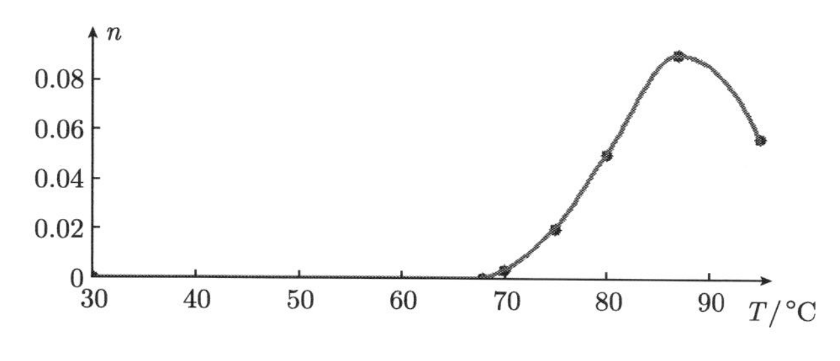

图 2.27 有机玻璃材料热光曲线

6. 冻结材料条纹值

在做材料热光曲线试验过程中, 在材料临界温度 t_c 下保持所加的载荷, 使温度从 t_c 以 5°C/h 的降温速度降至室温. 从而利用圆盘冻结应力模型, 可测出冻结材料条纹值 $f_{\sigma t}$(MPa·cm/条), 见表 2.3 所示.

表 2.3　冻结材料条纹值 $f_{\sigma t}$

材料种类	$f_{\sigma t}$/(MPa·cm/条)
PSM-1	—
PSM-5	0.0258
PSM-9	0.0326
PC	—
有机玻璃	—

7. 冻结材料弹性模量 E_t 和横向变形系数 μ_t

由于在 PSM-1 和 PC 材料的临界温度下, 试件的变形不稳定, 所以仅测出 PSM-5、PSM-9 和有机玻璃材料的 E_t 和 μ_t, 见表 2.4 所示.

表 2.4　冻结材料弹性模量 E_t 和横向变形系数 μ_t

材料种类	E_t/MPa	μ_t
PSM-1	—	—
PSM-5	259	0.452
PSM-9	271	0.463
PC	—	—
有机玻璃	21.1	0.471

为了便于参考, 表 2.5 列出了几种光弹性材料在室温和冻结温度下的光学和力学性质. 表 1.3 列出了使用室温固化剂制出的光弹性材料, 在室温下的光学和力学性质. 应该指出, 这些数据不仅随原料品种和配比而不同, 而且与固化条件和测定条件 (如光源波长、测定方法和温度) 等也有关.

表 2.5 几种光弹性模型材料的光学和力学性质

材料名称	生产国	室温下						冻结温度下						
		E /MPa	μ	$\sigma_{b拉}$ /MPa	σ_p /MPa	f_σ /(MPa·cm/条)	K /(条/cm)	E_t /MPa	μ	σ_{bt} /MPa	σ_{pt} /MPa	$f_{\sigma t}$ /(MPa·cm/条)	K /(条/cm)	冻结温度/°C
#634	中国	3360	0.35	75 ~ 90	31 ~ 32	1.2	2.800	21	0.48	1.3	0.88	0.028 ~ 0.030	0.750	115
#6101	中国	3500	0.37	78	31.5	1.1	3.180	30	—	1.5	1.2	0.035	0.857	115 ~ 125
#618	中国	3400	0.37	71	34	1.2	2.830	25	0.47	1.5	1.3	0.032	0.782	122
CR-39	英国、美国	1700 ~ 2200	0.42	42 ~ 49	21	1.4 ~ 1.6	1.130 ~ 1.570	300 ~ 400	—	—	—	0.40 ~ 0.50	0.600 ~ 1.000	110
Catalin-800	英国、美国	1500 ~ 2000	0.37	40 ~ 50	6 ~ 8	0.9 ~ 1.0	1.500 ~ 2.230	9 ~ 11	—	—	—	0.025 ~ 0.031	0.290 ~ 0.440	80 ~ 85
Bakelite BT.61-893	美国	4200 ~ 4800	0.36	80 ~ 120	40 ~ 60	1.4 ~ 1.55	2.710 ~ 3.430	7 ~ 12	0.5	2.5 ~ 3.5	0.8 ~ 1.2	0.030 ~ 0.070	0.100 ~ 0.400	110
И М − 44	前苏联	3500 ~ 4500	0.36	150	60	1.2	2.920 ~ 3.750	8	0.4	2.5 ~ 3.5	0.6	0.05	0.160	110
э Д − 6	前苏联	3300 ~ 3500	0.37	50 ~ 80	50	1.1	3.000 ~ 3.180	26~30	0.5	1.5	1.2	0.030 ~ 0.040	0.850 ~ 1.000	120 ~ 130
Araldite B	瑞士	3200 ~ 3800	0.33	60 ~ 80	40	1.05 ~ 1.14	2.810 ~ 3.620	6 ~ 12	0.5	—	—	0.020 ~ 0.026	0.231 ~ 0.600	150

第 3 章　机械载荷作用下光弹性模型冻结应力分析

3.1　概　　述

工程构件所承受的载荷方式很多, 包括轴向力、弯矩、剪力或他们的组合作用力. 但是, 在三维光弹性模型实验中, 根据圣维南原理可把模型所受到的载荷进行合成或分解, 以达到加载机构的简化.

工程构件由于所在的行业不同, 其几何形状有很大的区别, 有些光弹性模型的表面是可以通过机加工成形的, 有些则不能. 有些光弹性模型有几何形状非常复杂的内腔, 极难或不能用机加工方法成形, 有些光弹性模型是薄壁结构. 所以, 这些光弹性模型的制作工艺 (包括浇铸模具、内腔芯模、光弹性材料浇铸和固化温度控制曲线) 各有不同.

3.2　连杆光弹性模型冻结应力分析 [9]

为优化 V130 系列柴油机的连杆结构, 包括减轻连杆重量、避免过大的应力集中, 以及解决在第一轮样机试验时, 发生斜切口连杆盖断裂的故障, 达到最后确定图纸的目的, 因此, 对连杆进行光弹性应力分析.

3.2.1　连杆光弹性模型的制造

1. 蜡模的压制

连杆形状与尺寸如图 3.1 所示, 除连杆上的活塞销孔、连杆轴颈孔、连杆螺栓孔、螺栓头接触面以外, 连杆上的其他曲面都很难用机械加工方法成形. 为此, 用压制连杆蜡模方法, 对难以机加工的连杆表面进行精密浇铸.

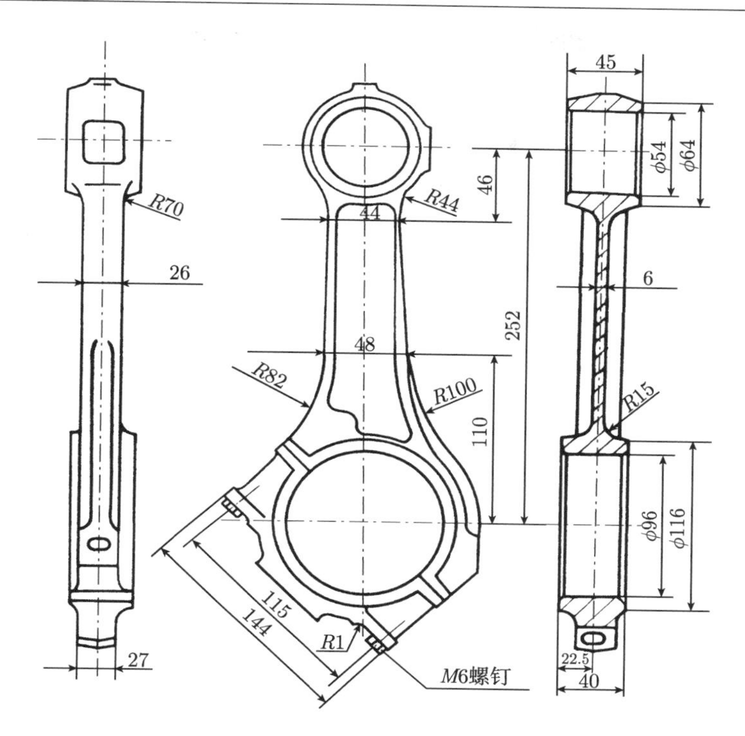

图 3.1 连杆形状与尺寸 (单位：mm)

蜡料按重量配比为：地蜡 (#80)60%, 硬脂酸 30%, 石蜡 10%.

压制成的两扇连杆蜡模如图 3.2 所示. 压制连杆蜡模的工艺过程见第 1 章所述.

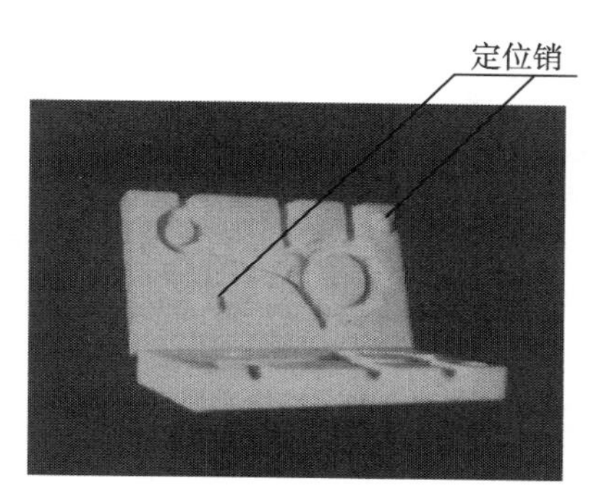

图 3.2 连杆蜡模

2. 连杆模型的浇铸与固化

模型材料选用#6101 环氧树脂和固化剂顺丁烯二酸酐, 两者按重量的配比为 100:32.5. 混合料采用两次固化方法, 其温度控制曲线如图 3.3 所示. 在 48°C 下恒温几天后, 用 ϕ5mm 木棍轻压连杆模具浇口或冒口混合料的表面, 当发现压入的凹坑, 抬手后混合料有弹性, 凹坑迅速消失时一般称为已达到凝结状态, 这时就可以将模型继续升温至 60°C, 这时模具的蜡料已经软化, 可以把蜡模从分形面拆开, 取出连杆光弹性模型, 然后锯去浇口和冒口, 去掉模型上的毛刺. 在此强调指出, 拆模动作要小心, 用力不能过猛, 因为这时光弹性材料还没有完全固化, 呈现脆性, 很容易开裂. 随后将连杆光弹性模型放入变压器油中再进行第二次固化, 从室温开始继续升温, 按第二次固化温度控制曲线进行. 两次固化后的连杆光弹性模型如图 3.4 所示. 然后对连杆大、小头的孔和端面, 连杆螺栓孔, 连杆螺栓与连杆大头接触面进行机械加工.

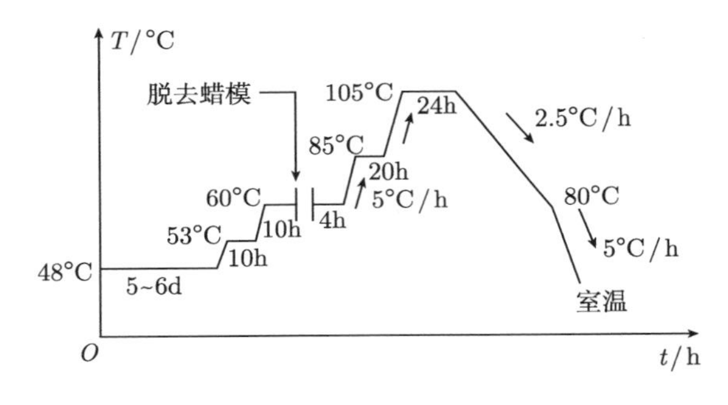

图 3.3　两次固化温度控制曲线

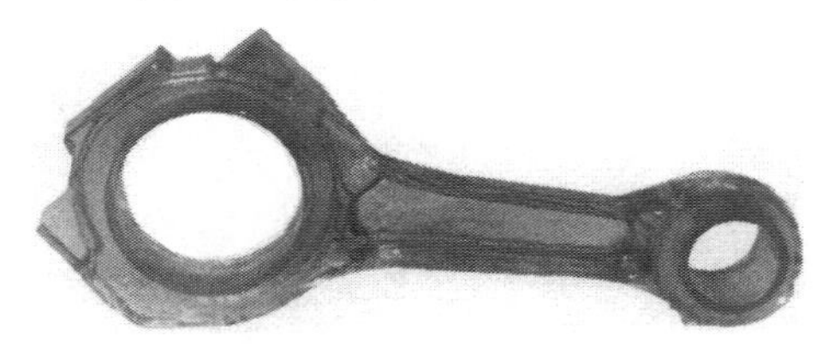

图 3.4　连杆光弹性模型

3.2.2　连杆光弹性模型的实验

1. 拉伸和压缩的实验方案及其加载装置

为模拟连杆拉伸的实际工况, 在光弹性连杆拉伸实验中一般采用两种实验方案, 两者都把连杆大头盖和连杆体作为整体式. 其中方案 A 是在连杆螺栓孔中不安装螺栓, 如图 3.5(a) 所示. 方案 B 是在螺栓孔中安装螺栓, 并施加螺栓预紧力, 螺栓对连杆大头盖的作用力通过螺栓与大头盖之间的弹簧来施加, 在冻结温度下调整弹簧压缩的长度以模拟螺栓的作用力, 弹簧常数 k=10.42N/mm, 如图 3.5(b) 所示.

光弹性连杆压缩实验中只采用图 3.5(a) 所示的 A 方案.

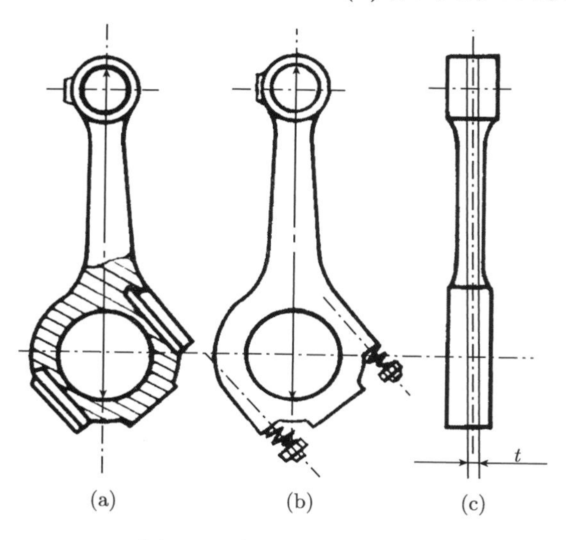

图 3.5 连杆拉伸实验方案

连杆模型拉伸加载装置如图 3.6(a) 所示, 连杆模型压缩加载装置如图 3.6(b) 所示, 如果把压缩加载装置倒置, 则就成为拉伸加载装置.

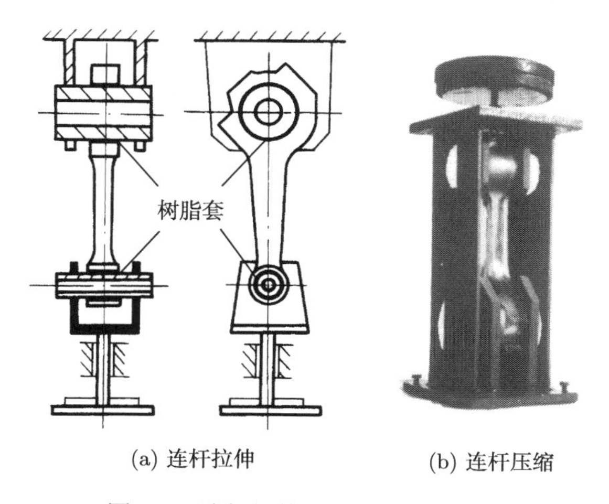

(a) 连杆拉伸　　(b) 连杆压缩

图 3.6 连杆拉伸和压缩的加载装置

2. 连杆拉伸和压缩模型应力的冻结和切片

冻结应力温度控制曲线如图 3.7 所示, 模型冻结应力后, 沿连杆杆身的中面截取厚度为 4.2mm 的切片.

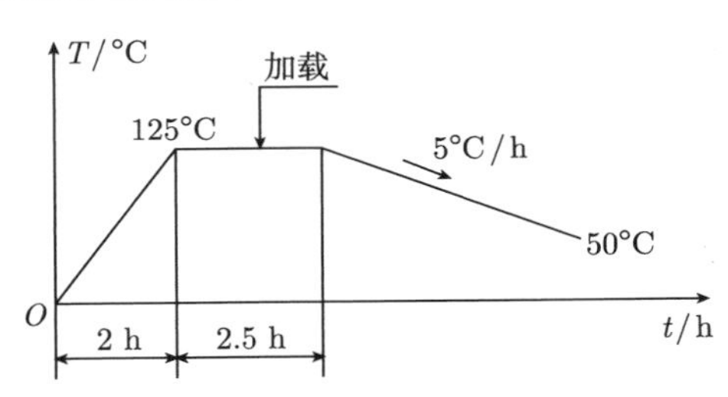

图 3.7　冻结应力温度控制曲线

3. 测试的方法

将切片放置在光弹仪圆偏振光暗场光路中, 使用水银光配有绿色滤波片, 对该片进行垂直照射时, 如图 3.8(a) 所示, 测得连杆边界上各点的等差线条纹级次 n.

对于连杆大小头孔以外的边界各点, 为自由边界点, 如杆身 k 点, 见图 3.8(b) 所示, 根据 k 点条纹级次 n 就可以计算出该点处与边界相切方向的垂直应力为

$$\sigma_m = n\frac{f_{\sigma t}}{d} \tag{3.1}$$

式中, $f_{\sigma t}$ 为模型材料冻结条纹值; d 为切片的厚度.

对于连杆大、小头的内表面诸点, 并非都是自由表面. 连杆承受拉伸载荷时, 如大头孔的内表面, 如图 3.8(c) 所示, 大头孔内表面的上半圆为自由表面, 下半圆有法向压强 p 的作用, p 值一般假设按余弦规律分布, 即

$$p = -\frac{4P}{\pi DB}\cos\theta$$

式中, P 为模型拉伸载荷; D 为大头孔直径; B 为连杆大头孔与曲柄销的接触宽度.

那么, 大头孔下表面边界点 G, 假设 $\sigma_m > p$, 则

$$\sigma_m - p = n\frac{f_{\sigma t}}{t}$$

所以, G 点与孔边界相切方向的垂直应力为

$$\sigma_m = p + n\frac{f_{\sigma t}}{t} \quad (p \text{ 取代数值}) \tag{3.2}$$

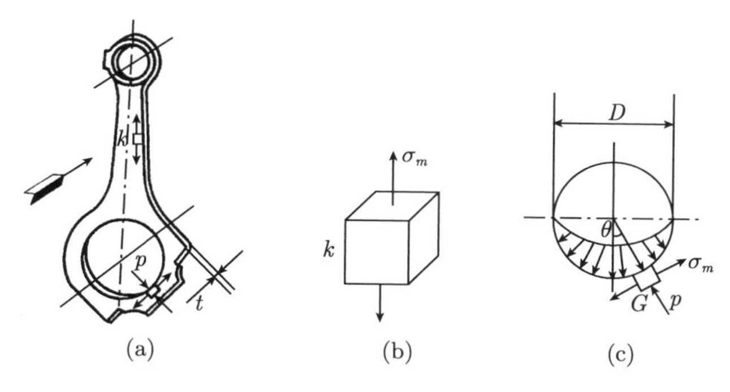

图 3.8 连杆测试

对于连杆小头孔上半圆, 则有压强 p 的作用, 下半圆为自由表面, 则小头孔下半圆和上半圆表面点的应力, 同理按式 (3.1) 和式 (3.2) 可以求出.

如果连杆承受压缩载荷, 则大头孔内表面的下半圆是自由表面, 则大头孔下半圆和上半圆表面点的应力, 同理按式 (3.1) 和式 (3.2) 可以求出.

3.2.3 实验结果

1. 模型材料的热光曲线和冻结材料条纹值 $f_{\sigma t}$

在浇铸连杆光弹性模型的同时, 浇铸一个 ϕ55mm 的圆柱体, 两者一起固化. 然后从固化后的圆柱体切出一个 ϕ48mm, 厚度 d 为 6mm 的圆盘, 用它测出材料的热光曲线, 如图 3.9 所示, 从而得到材料的临界温度 t_c=120°C, 于是取冻结温度为临界温度 (t_c=120°C)+5°C, 冻结材料条纹值 $f_{\sigma t}$=0.0363MPa·cm/条.

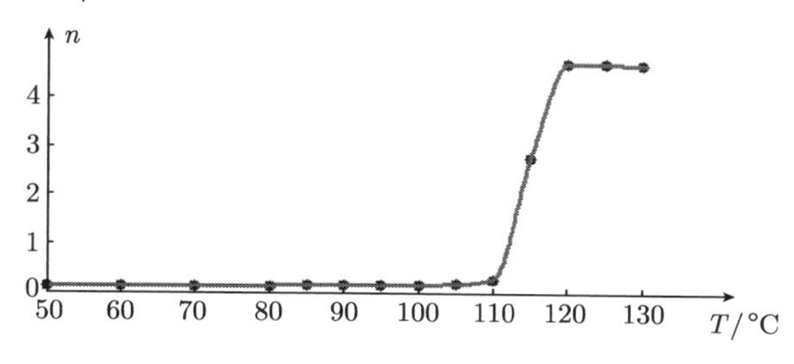

图 3.9 连杆材料的热光曲线

2. 连杆实物应力的计算

由式 (3.1) 和式 (3.2) 测得连杆自由边界和非自由边界点的模型应力 σ_m. 根据模型相似律, 可以求得连杆实物的应力

$$\sigma_{实} = \sigma_m \frac{K_P}{K_L^2} \tag{3.3}$$

式中, 连杆实物与模型的尺寸比 K_L=1/0.7, 连杆载荷与模型载荷比为 K_P.

根据发动机的动力计算, 得出连杆实物大头的拉伸载荷是 34.3kN, 小头的拉伸载荷是 29.3kN. 连杆模型拉伸载荷是 86.9N, 则

$$\left.\begin{aligned} 连轩大头(K_P)_{拉,\,大} &= \frac{34.3\times10^3}{86.9} \\ 连杆小头(K_P)_{拉,\,小} &= \frac{29.3\times10^3}{86.9} \end{aligned}\right\} \tag{3.4a}$$

连杆实物大头的压缩载荷是 98.3kN, 小头是 109kN. 连杆模型压缩载荷是 130N, 则

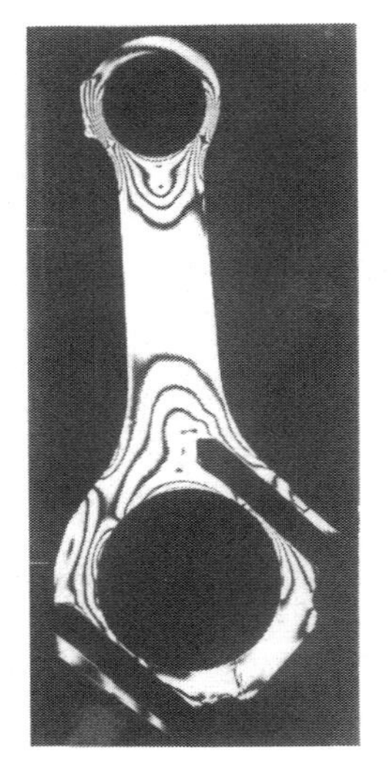

图 3.10　A 方案连杆拉伸的等差线

$$\left.\begin{aligned} 连杆大头(K_P)_{压,\,大} &= \frac{98.3\times10^3}{130} \\ 连杆小头(K_P)_{压,\,小} &= \frac{109\times10^3}{130} \end{aligned}\right\} \tag{3.4b}$$

3. 拉伸载荷下, 沿连杆边界实物应力的分布

1) A 实验方案

图 3.10 给出拉伸时的等差线, 图 3.11 和图 3.12 分别给出沿连杆边界实物应力的分布.

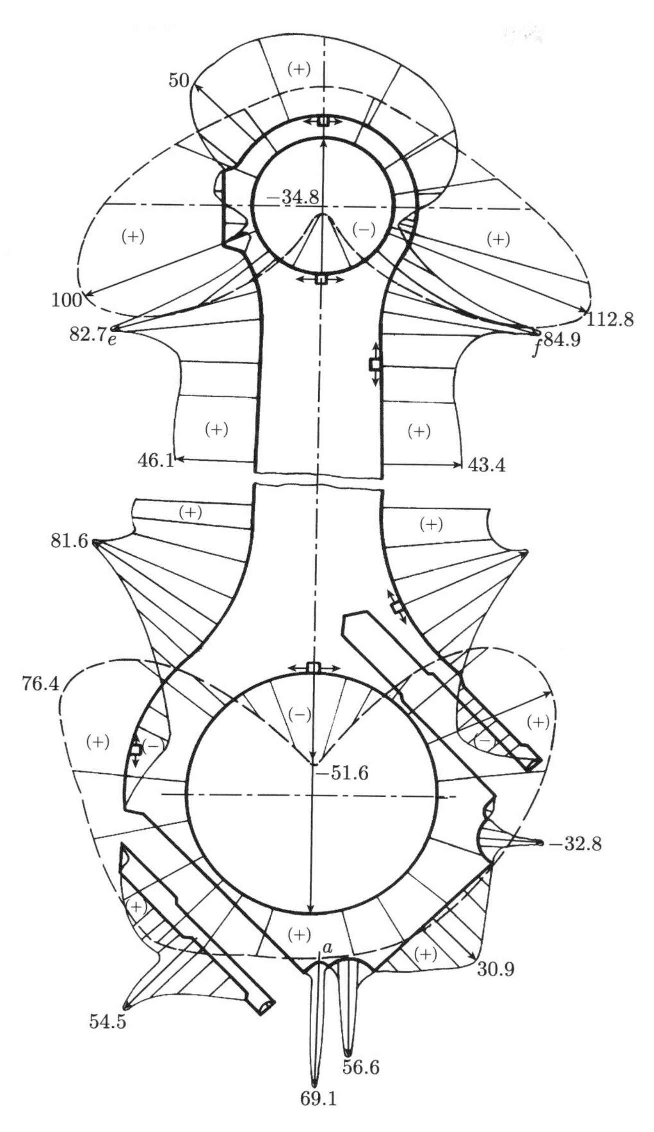

图 3.11 A 方案沿连杆边界实物应力分布 (单位:MPa)

2) B 实验方案

连杆拉伸时 B 方案小头附近边界应力与 A 方案基本相同. 但是, 连杆大头盖和螺栓孔边界应力有显著差别, 尤其在连杆大头盖与螺栓头部接触面 $R1$ 圆弧 a 点 (图 3.11 和图 3.15) 的应力明显增加.

图 3.13 给出拉伸时大头盖的等差线. 图 3.14 和图 3.15 分别给出沿螺

栓孔和大头盖附近边界实物应力的分布.

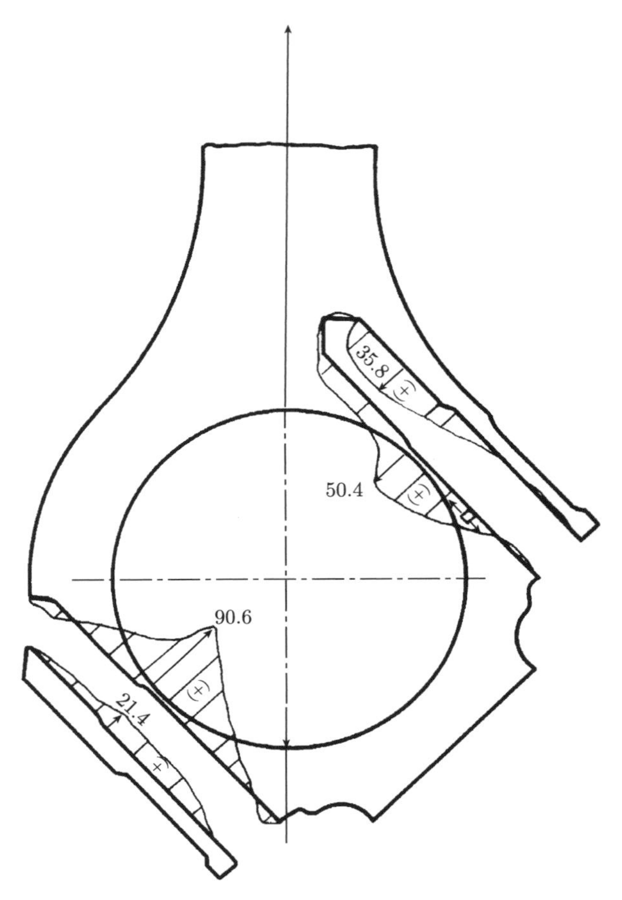

图 3.12　A 方案沿连杆螺栓孔边界实物应力分布 (单位:MPa)

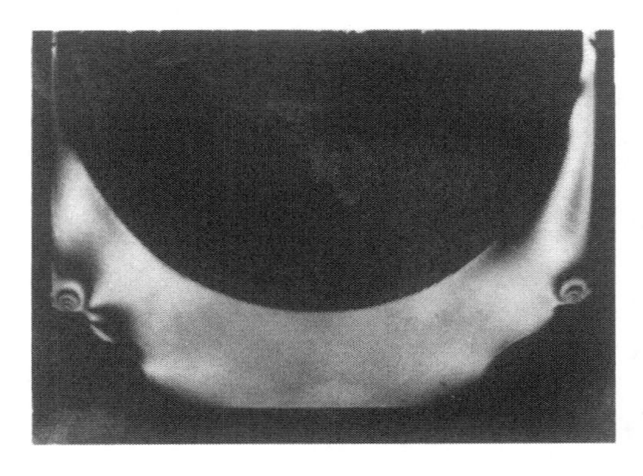

图 3.13　B 方案连杆拉伸大头盖等差线

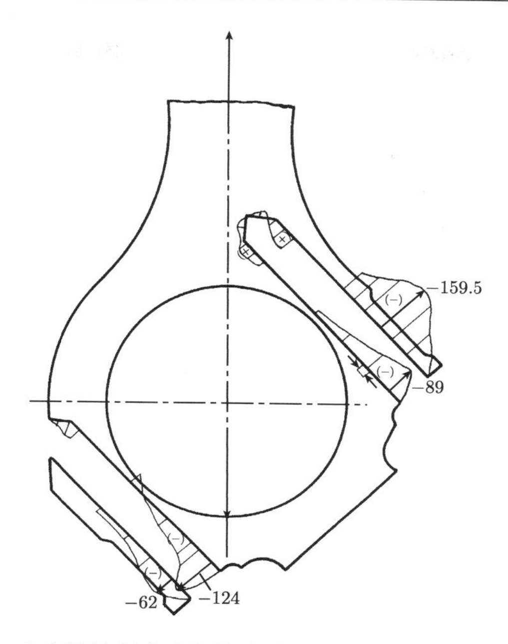

图 3.14 B 方案沿连杆大头螺栓孔边界实物应力的分布 (单位:MPa)

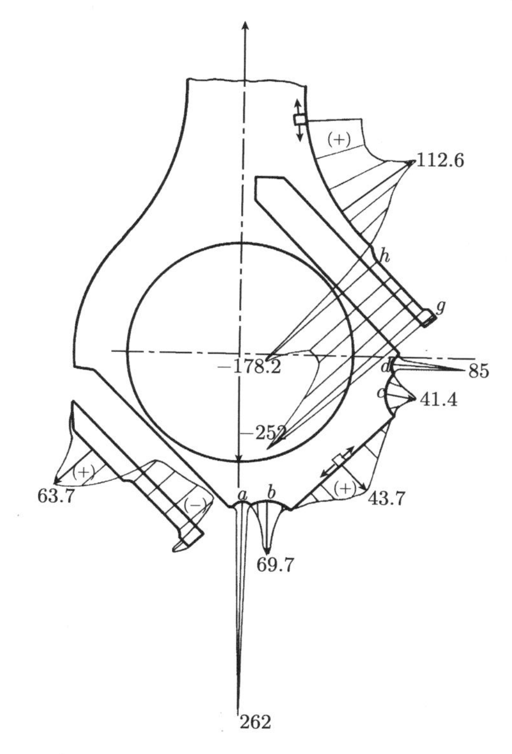

图 3.15 B 方案沿连杆大头盖附近边界实物应力的分布 (单位:MPa)

4. 压缩载荷下, 沿连杆边界实物应力的分布

图 3.16 给出连杆受压缩载荷时的等差线, 图 3.17 和图 3.18 分别给出沿连杆边界实物应力的分布.

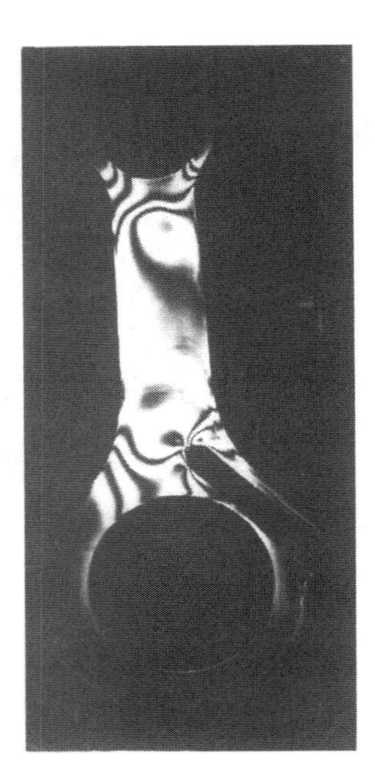

图 3.16　连杆压缩时等差线

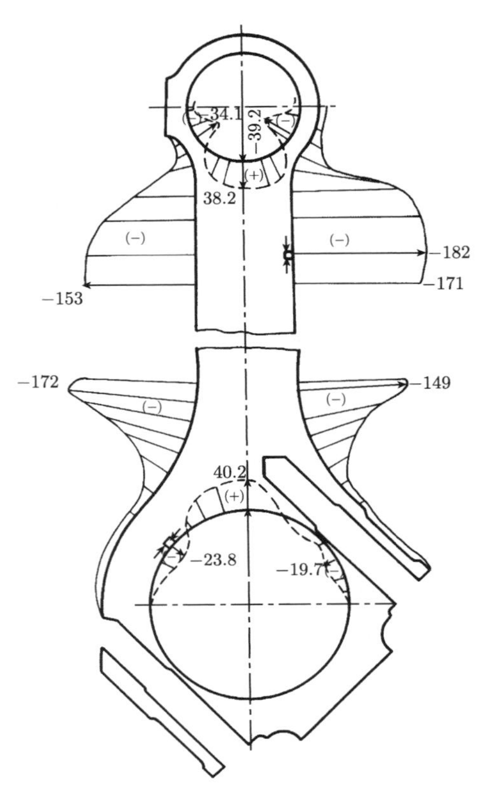

图 3.17　沿连杆边界实物应力分布 (单位:MPa)

3.2.4　分析

(1) 由图 3.11 可以看出, 连杆拉伸时连杆小头与连杆身过渡圆弧 e、f 点的应力比较大, 同时小头孔的边界应力在该处也比较大. 故建议将该处的过渡圆弧半径适当增加为 $R45$.

(2) 从图 3.11、图 3.15 和图 3.17 可以看出, 不论在拉伸或压缩时连杆大头与杆身过渡圆弧附近的应力都比较大, 建议适当增加过渡圆弧的半径.

(3) 由图 3.19 可以看出, 连杆拉伸时大头盖与螺栓头接触面的 $R1$ 圆

弧 a 点产生比较大的应力集中, 其应力值高达 σ_a=262MPa. a 点正置于连杆大小孔中心连线的延长线附近, 这也是不利的因素, 同时, 大头盖上的 b、c、d 点处也有应力集中. 在第一轮样机进行耐久试验过程曾发生大头盖 a 点处开始断裂的事故. 故建议把大头盖的原始形状, 如图 3.19(a) 所示, 改为图 3.19(b) 所示的形状. 并将 $R65$ 改为机加工, 消除脱碳层和锻造缺陷, 并提高耐疲劳极限. 大头盖 g、h 点应力也比较大, 建议适当增加该处的壁厚.

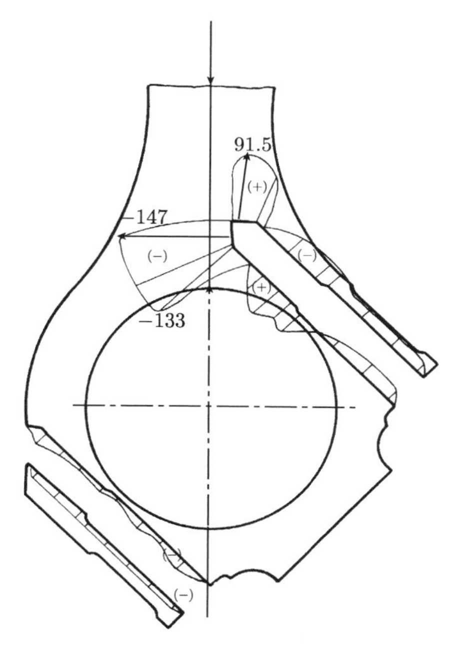

图 3.18 沿连杆螺栓孔边界实物应力分布 (单位：MPa)

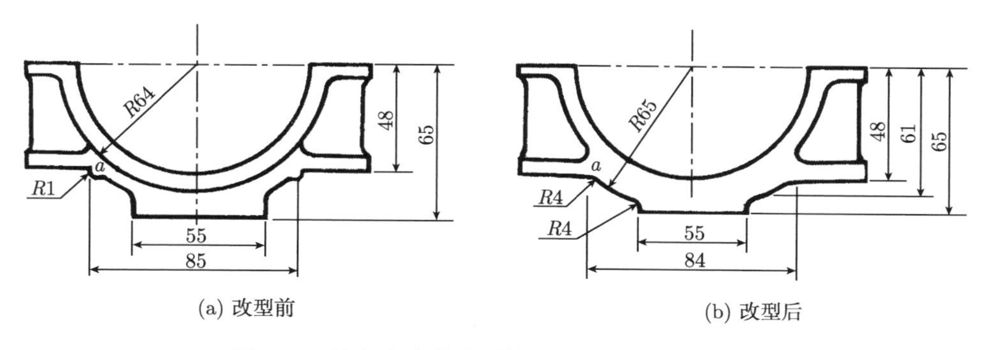

图 3.19 连杆大头盖改型前后的对比 (单位：mm)

3.3 矿井井塔倒锥台基础光弹性模型冻结应力分析 [13]

当采用多绳摩擦轮式矿井提升系统时, 需建造高大井塔, 为避免其在基础上产生不均匀沉陷并影响正常提升, 为此, 拟采用悬臂式倒锥台基础, 井塔与倒锥台基础的结构如图 3.20 所示, 井塔基础上端与井塔相连, 下端与锁口及井壁相连, 将载荷传至 100m 深处的基础上. 倒锥台基础承受多种载荷, 现对其中承受机械设备载荷的模型进行光弹性冻结应力分析.

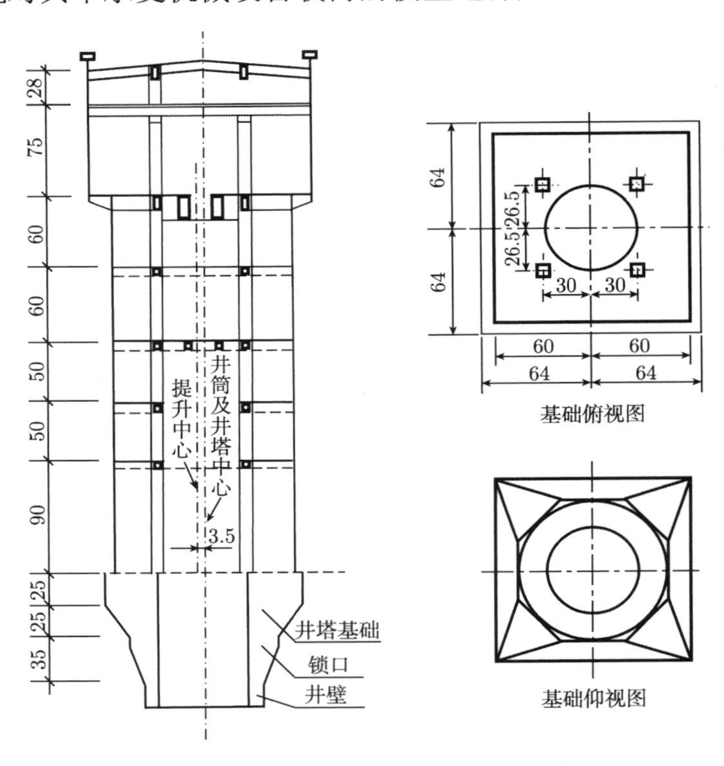

图 3.20 井塔与倒锥台基础的结构 (单位: mm)

3.3.1 倒锥台基础的光弹性模型的制造

1. 镀锌薄铁皮模具的制作

用厚度为 0.3~0.5mm 的薄铁皮制作模型的外边界和内腔, 各接口用锡焊相连. 沿内外边界各留 4~6mm 的加工余量. 然后用白铁皮将井壁底部用锡焊封口. 模具上部开口作为浇冒口.

在制成的模具中倒入自来水, 并加热至 70~80°C, 检查是否有水从焊缝中漏出. 随后再让模具在有水状态下放置半天, 观察是否漏水, 这项工作不可大意, 否则在模型固化开始阶段, 就会有混合料漏出. 在模具内表面涂敷硅脂作为脱模剂.

2. 模型的浇铸与固化

模型材料选用#618 环氧树脂, 固化剂顺丁烯二酸酐和增塑剂邻苯二甲酸二丁酯, 三者按重量配比为 100 : 35 : 5.

混合料采用两次固化法, 其温度控制曲线如图 3.21 所示, 在 50°C 下恒温 5.5d, 当发现混合料凝胶后, 立即把模具拆掉, 应避免用电焊熔化焊锡, 也不能用锯条切割模具. 建议用剪刀将铁皮剪个开口, 采用克丝钳锩铁皮的办法细心拆模, 模型受力不能太大, 否则光弹性模型会产生裂纹. 随后把模型放在变压器油中再进行第二次固化.

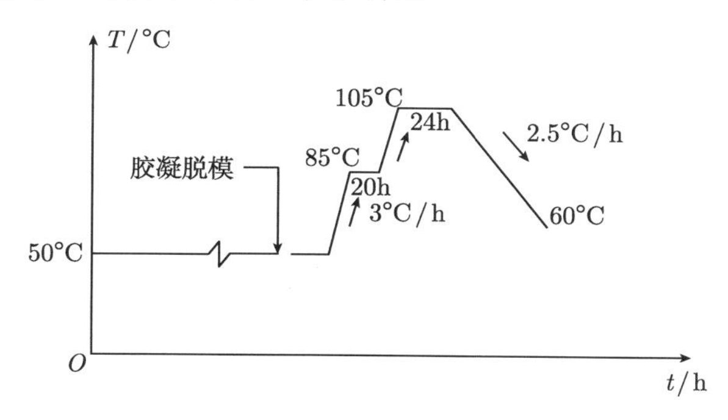

图 3.21 两次固化温度控制曲线

固化后的模型在车床和铣床进行机加工, 模型上有八个斜面是借助铣床上的分度头和刀盘铣刀完成的. 加工好的倒锥台光弹性模型如图 3.22(a) 所示.

3.3.2 倒锥台基础第 1 模型实验

1. 模型的实验方案及其加载装置

模型顶面上, 如图 3.22(b) 所示, 在圆孔周边通过四个中间柱传递铅垂载荷 5360kN. 模型的加载装置如图 3.23 所示, 模型下端安置在钢板上, 模型上方通过一块有四个加力点的钢板与模型上表面接触, 如图 3.22(b) 所示, 在加力点处放置 1.5mm×1.5mm×1.0mm 的环氧树脂光弹性材料的垫片. 为确保载荷的铅垂方向, 铅垂载荷是通过加载架上的加力杆及其导轨施加.

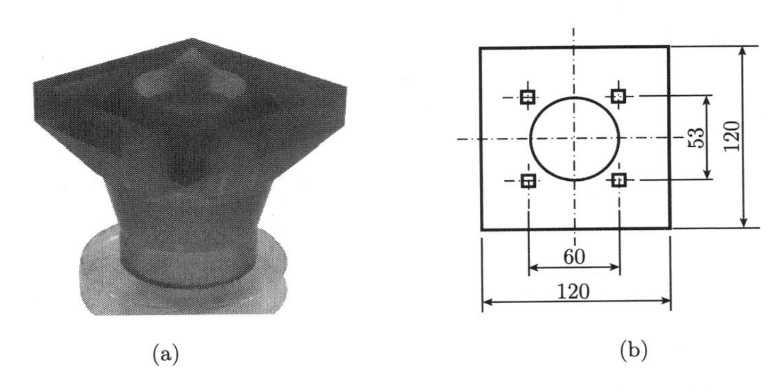

图 3.22 倒锥台光弹性模型

图 3.23 倒锥台模型加载照片

2. 模型应力的冻结和切片

冻结应力温度控制曲线如图 3.24 所示. 模型冻结应力后进行切片, 切片方案如图 3.25 所示, 切片厚度 3.5mm 左右, 纵向切片为 A_1, B_1, C_1 和

D_1. 横向切片为 E_1, F_1, G_1, H_1 和 I_1.

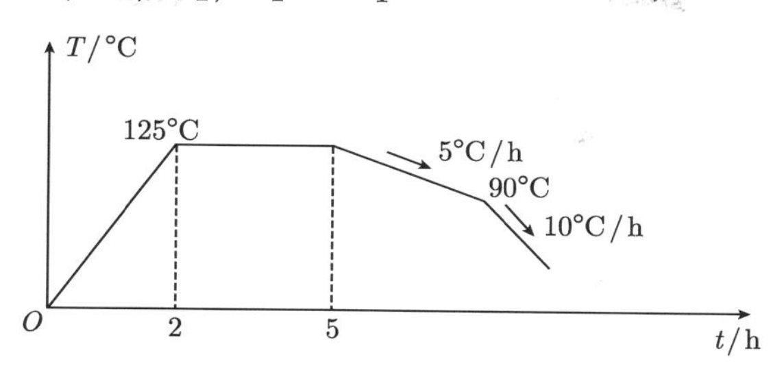

图 3.24 冻结应力温度控制曲线

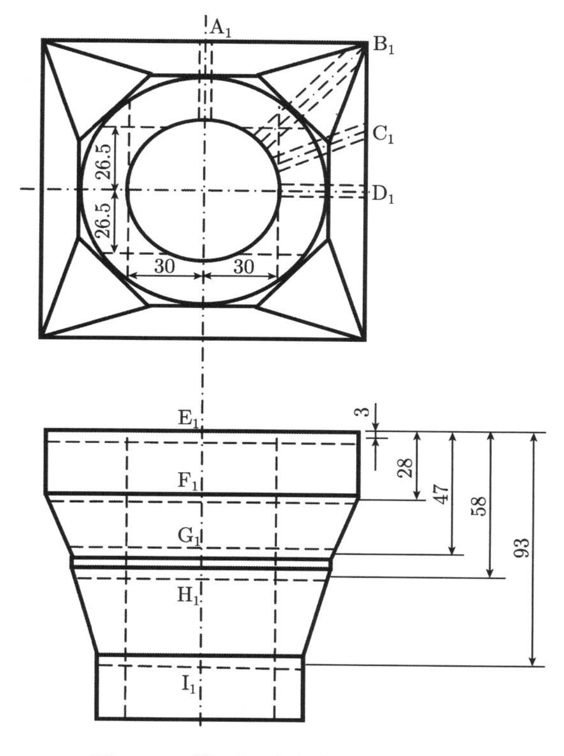

图 3.25 模型切片方案 (单位: mm)

3. *测试方法*

将切片放在光弹仪圆偏振光暗场中, 使用水银光配绿色滤波片, 光线垂直照射切片, 测得模型边界上各点的等差线条纹级次. 对于模型自由边界与模型边界相切方向的垂直应力

$$\sigma_m = n\frac{f_{\sigma t}}{d} \tag{3.5}$$

4. 模型实验结果

(1) 用冻结圆盘测出材料热光曲线, 得到材料的冻结温度 127°C 和冻结材料条纹值 $f_{\sigma t}$=0.0387MPa·cm/条.

(2) 模型的实物应力计算.

根据式 (3.5) 测得自由边界点的模型应力 σ_m, 根据模型相似律可以由模型应力求得倒锥台实物的应力

$$\sigma_{实} = \sigma_m\frac{K_P}{K_L^2} \tag{3.6}$$

式中, 倒锥台实物与模型的尺寸比 K_L=100/1, 实物与模型的载荷比为 $K_P=5360\times10^3/407$.

(3) 沿倒锥台自由边界实物应力的分布.

图 3.26 给出 A_1, B_1, C_1, D_1 和 E_1 的等差线.

图 3.27 给出 A_1, B_1, C_1, D_1 和 E_1 的切片沿边界的实物应力分布.

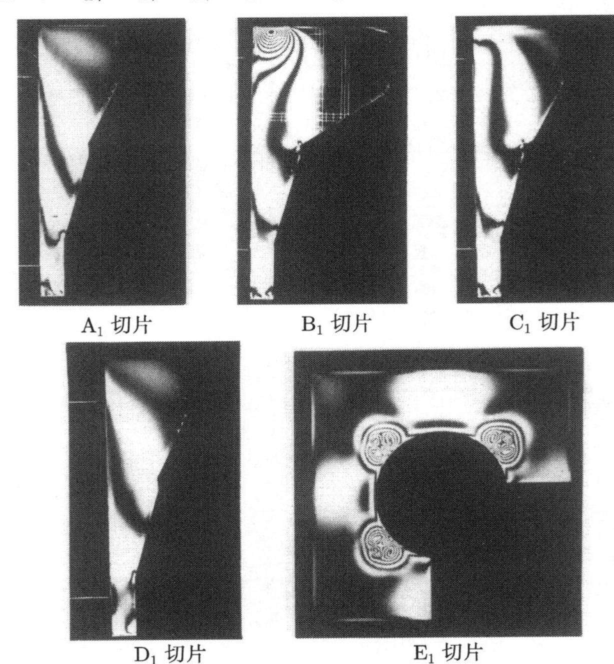

图 3.26　第 1 模型切片的等差线

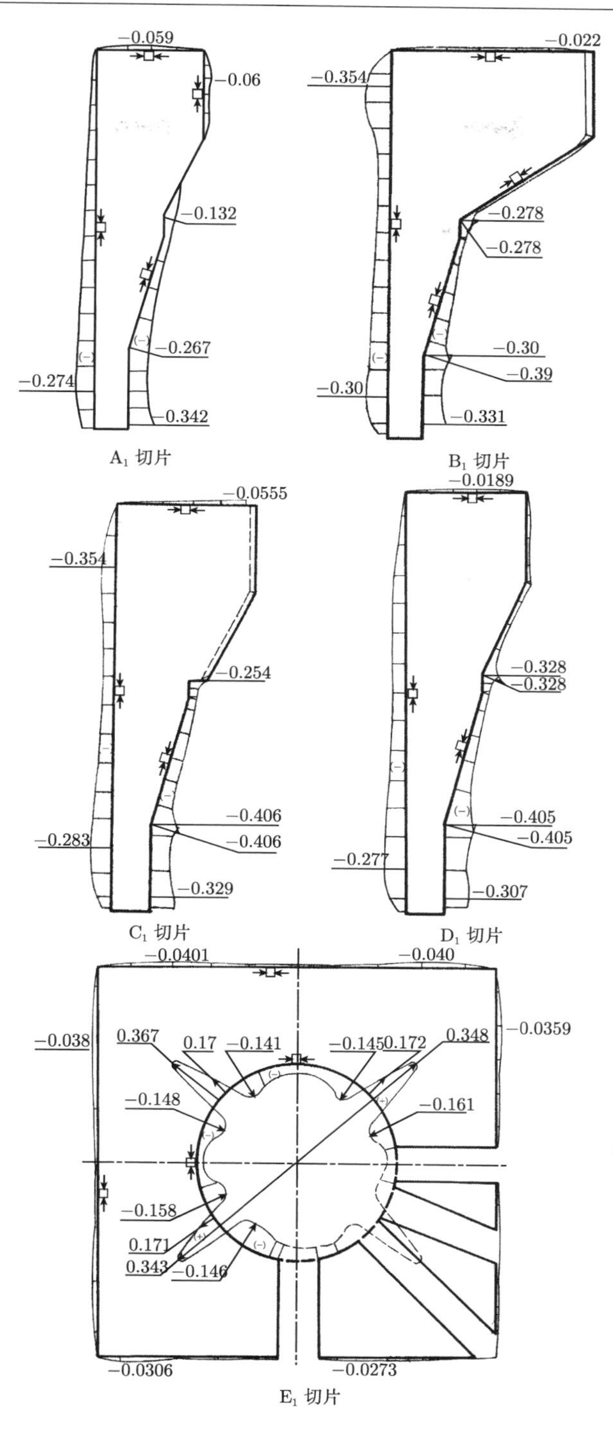

图 3.27 沿边界实物应力分布 (单位:MPa)

3.3.3　倒锥台基础第 2 模型实验

第 2 个模型是承受从倒锥台基础上部箱形薄壁墙传递的轴向铅垂力 20140kN 和风载产生的弯矩 18710kN·m 的组合载荷, 根据圣维南原理将两个载荷可以合成一个偏心铅垂力, 其值为 20140kN. 铅垂力乘以偏心距即为弯矩值 18710kN·m. 对应的加载装置如图 3.28 所示. 第 2 模型的切片方案和切片的等差线分别如图 3.29 和图 3.30 所示, 第 2 模型沿边界实物应力分布如图 3.31 所示.

图 3.28　铅垂力和风载的加载装置

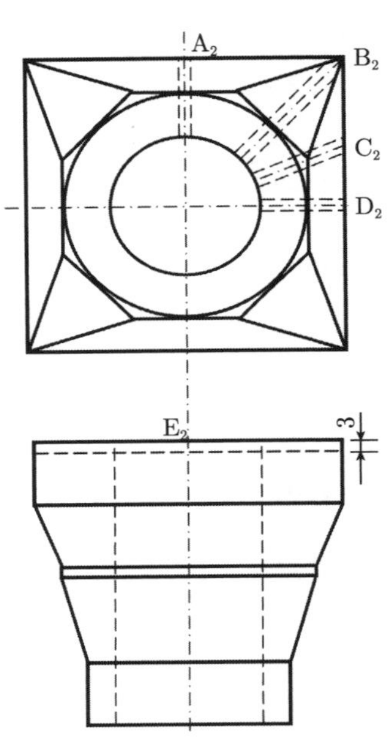

图 3.29　第 2 模型切片方案

A_2 切片

B_2 切片

C_2 切片

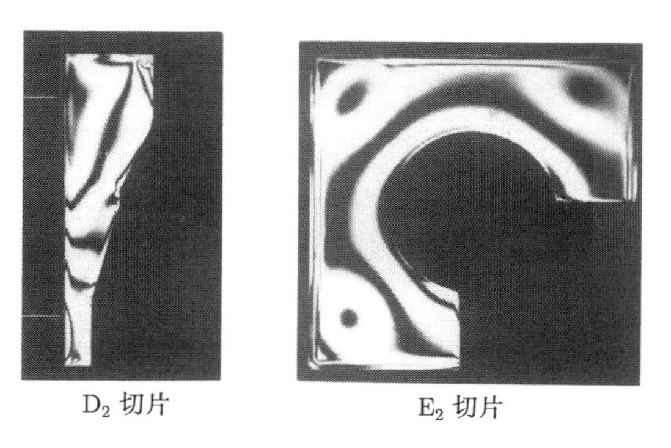
D_2 切片 E_2 切片

图 3.30 第 2 模型切片的等差线

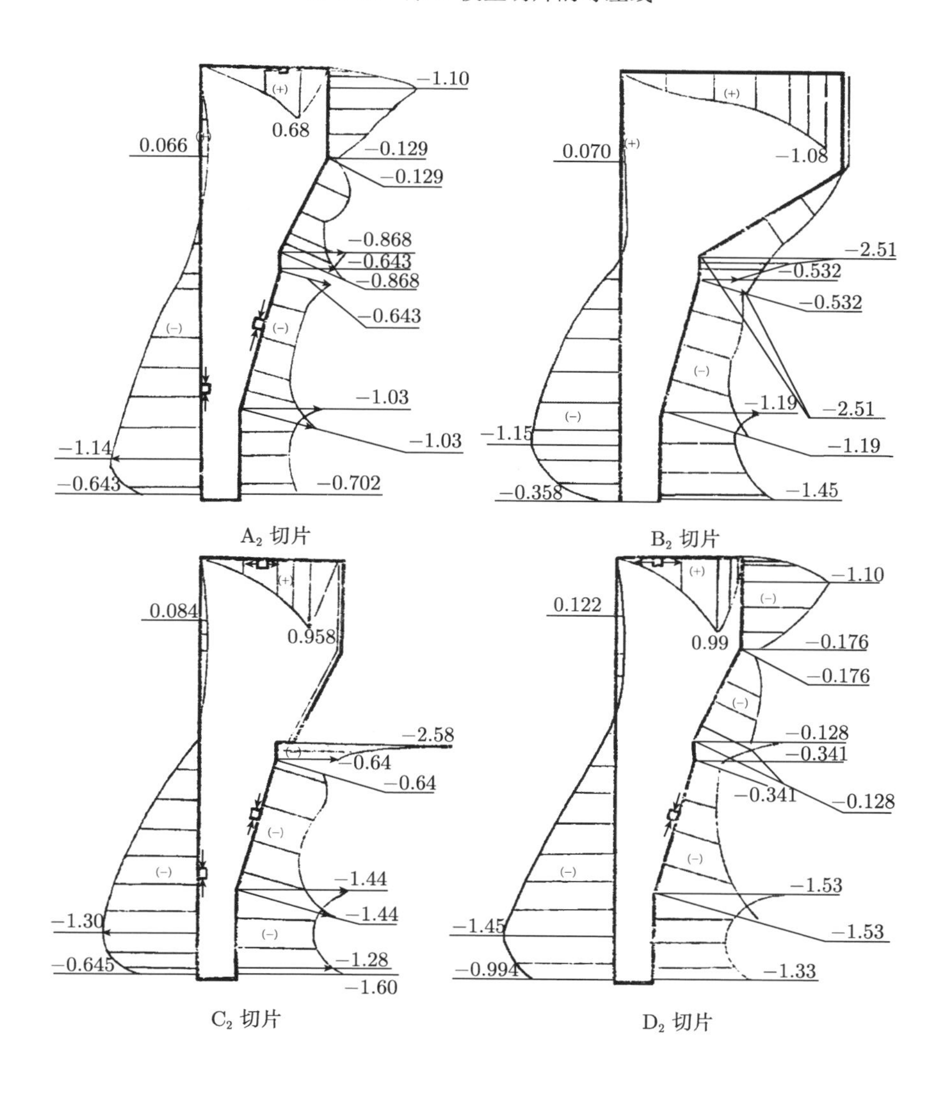

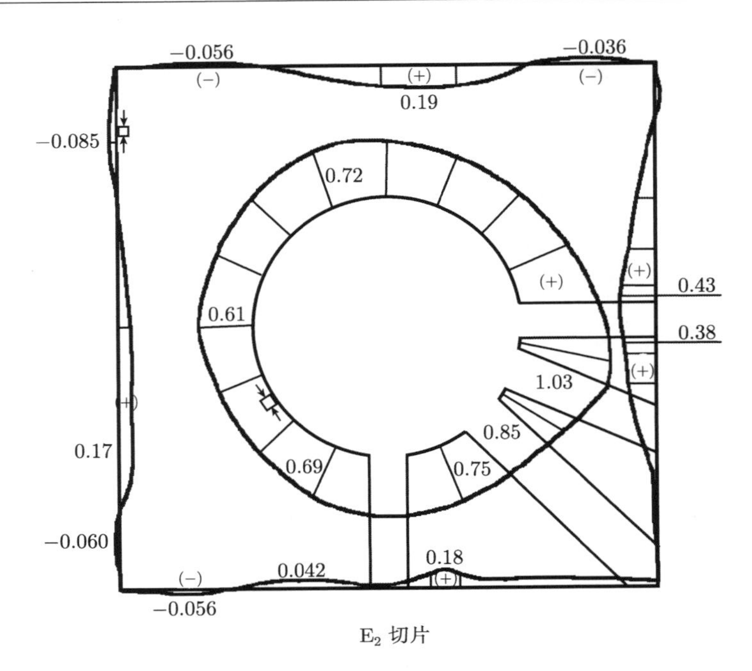

图 3.31　第 2 模型沿边界实物应力分布 (单位:MPa)

此外, 第 3 个模型是承受倒锥台基础本身的自重载荷, 这部分内容见本书第 5 章. 将这 3 个模型的冻结应力分布合成在一起, 可以得到倒锥台基础沿边界的合成应力分布, 发现井塔基础与锁口的连接处是应力集中的最大应力区域, 其次是倒锥台基础上表面孔边和锁口与井壁的连接处的应力集中区. 这些实验结果在优化井塔倒锥台基础的设计中发挥了重要的作用.

第 4 章　气压载荷作用下光弹性模型冻结应力分析

4.1　概　　述

冻结应力模型在气压加载下的第一个关键技术问题是要保持在 15h 的冻结应力试验过程中气压加载设备不漏气. 第二个关键问题是根据试验要求能随时使气压增加或减小, 但又不能使气压增加过量或减小过量. 第三个关键问题是气压与光弹性模型之间的压力传递方法. 第四个关键问题是气压的测量精确度.

4.2　活塞光弹性模型模拟燃烧室压力的冻结应力分析 [9]

活塞在高温和高压作用下做高速往复运动, 在保证活塞强度和刚度条件下, 为减少其惯性力应尽量减轻活塞的质量. 因此, 进行活塞光弹性模型实验, 可以为活塞设计的选型提供重要的依据.

4.2.1　活塞光弹性模型的制造

1. 模具的制作

活塞形状和尺寸如图 4.1 所示. 活塞内腔形状复杂, 难以对光弹性模型的内腔进行机加工, 所以活塞内腔选用压制的蜡芯内腔, 固化后的活塞模型的内腔就可以不进行机加工了. 活塞阳模可以利用铝制活塞, 在铣床上用锯片铣刀把活塞沿垂直于活塞销孔中心线中央切成两半, 如图 4.2(a) 所示. 再用与锯片铣刀厚度相等的磨光钢板作一个与活塞同截面的镶片, 然后把此镶片放在分半的活塞之间. 将活塞阳模倒置放入压制活塞内腔蜡芯的设备, 如图 4.2(b) 所示, 压制成型的活塞内腔蜡芯如图 4.3 所示. 浇铸光弹性活塞模型的浇铸模具如图 4.3 所示, 选用 0.3mm 的镀锌铁皮做一个半封

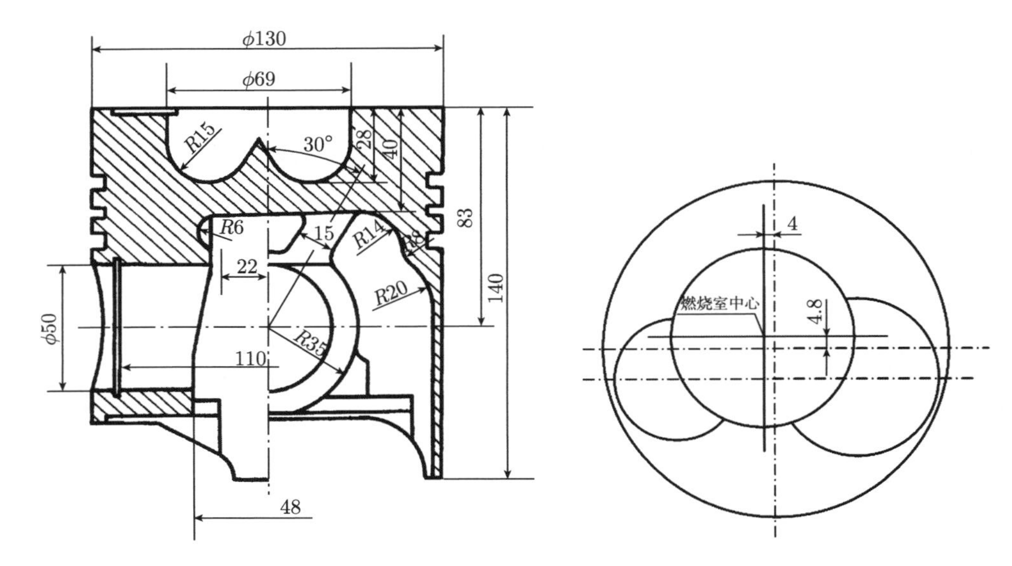

图 4.1　活塞形状尺寸 (单位：mm)

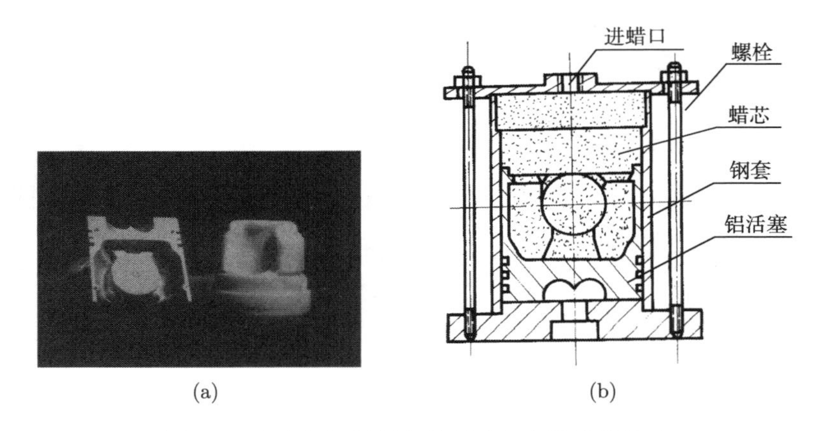

(a)　　(b)

图 4.2　半个活塞阳模和压制活塞内腔蜡芯设备

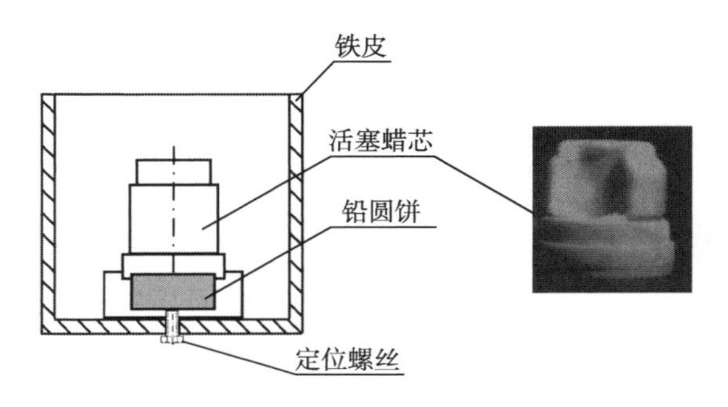

图 4.3　浇铸模具和活塞内腔蜡芯

闭的圆柱形筒子, 活塞内腔蜡芯定位在圆筒的中央. 在此强调指出, 因为蜡料比重小于光弹性材料, 为防止活塞蜡芯在环氧树脂混合料中浮起, 需把一个铅饼埋入活塞蜡芯的底部, 蜡芯表面涂敷一薄层硅橡胶作为脱模剂, 铁皮筒内层涂敷硅脂作为脱模剂.

2. 活塞模型的浇铸与固化

模型材料选用#6101 环氧树脂和固化剂顺丁烯二酸酐, 两者按重量的配比为 100:32.5. 采用两次固化法, 其温度控制曲线如图 4.4 所示. 在 45°C 下恒温 5~6d 后混合料达到凝胶状态时, 继续升温至 60°C, 这时蜡芯已经软化, 可以把活塞光弹性模型从模具中取出, 除去毛刺, 然后把活塞光弹性

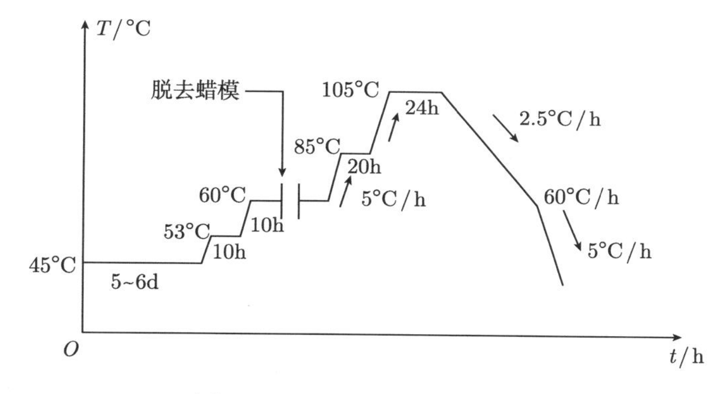

图 4.4 两次固化温度控制曲线

图 4.5 活塞光弹性模型图

放入变压器油中或空气中进行第二次固化. 以固化后的活塞模型的内腔为定位基准, 在车床上对活塞模型的外表面、活塞销孔和 ω 型燃烧室进行机加工. 加工后的活塞光弹性模型见图 4.5.

4.2.2　活塞光弹性模型实验

1. 气压加载设备

在光弹性冻结应力实验中, 对气压加载设备气体密封性的要求和测量气压的精度要求是非常高的. 通常用的管路接头、气压阀门和压力表接头都不能很好地满足密封要求. 通过实践, 自制了一套设备, 它能很好地满足实验要求, 如图 4.6 所示, 说明如下：

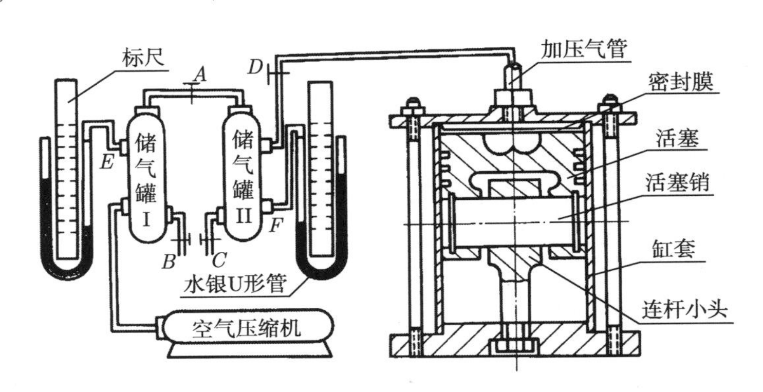

图 4.6　活塞模型的冻结加载设备

(1) 从空气压缩机气罐输出的压力是不稳定的, 同时气体的密封性也不高. 故用钢圆筒和钢板气焊两个储气罐 I 和 II, 每个圆筒上焊了四个管接头, 橡胶管和管接头之间用卡箍固紧. 储气罐 II 和活塞模型之间的接管使用氧气管以耐高温. 在橡胶管的 A、B、C 和 D 的四个位置各放一个夹子, 如图 4.7 所示, 用以关闭或打开气路, 以调节气体压力.

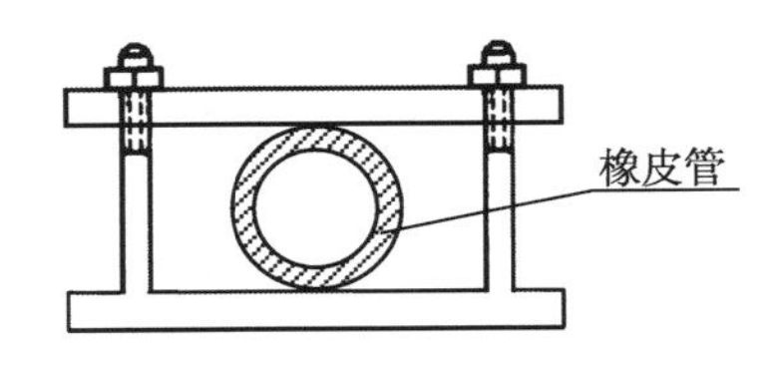

图 4.7　橡皮管夹子

(2) 储气罐 I 上的 E 接头和储气罐 II 上的 F 接头各连接一个水银 U 形管, 用标尺可以准确地测量出气压值, 从水银高度很容易判断气压的变化, 通过橡胶管 A、B、C 和 D 接头也很容易的进行补气压或减气压. 做实验时, 让储气罐 I 的气压略高于储气罐 II 的气压, 橡胶管夹子 A 和 D 用于增加气压, 夹子 B 和 C 用于减气压.

(3) 在图 4.2 压制活塞内腔蜡芯设备上添加连杆小头和活塞销的附件, 就可以用于光弹性活塞模型气压加载的应力冻结, 如图 4.6 所示, 在对活塞顶部进行气压加载过程中, 为了密封气压, 在活塞顶部和上盖板之间放入 0.2mm 厚的聚氯乙烯薄膜 2 层, 在冻结温度下对模型充压后, 密封膜可以形成 ω 型燃烧室形状. 在升温和降温过程中密封膜都可以保持良好的密封性.

2. 活塞模型冻结应力时应解决的几个关键问题

1) 活塞模型和缸套之间的预留间隙问题

活塞模型材料是高分子材料, 缸套材料是钢, 高分子材料的热膨胀系数大于钢材, 所以在室温下活塞和缸套之间的间隙预留多少是非常关键的, 如果间隙留小, 则在冻结温度下活塞光弹性模型膨胀而被缸套卡紧. 如果间隙留大, 则在冻结温度下受气体压力的活塞可能倾斜倒向缸套的一侧. 建议预先加工好一个与活塞模型外径相同, 材料相同的圆柱体 (高度 H=30mm 左右), 将其和拆去上盖板的活塞模型的冻结应力设备一起升温, 在冻结温度分别测量圆柱体外径和缸套外径的尺寸. 从而可以选定在室温下给出活塞模型与缸套间隙的合适值.

2) 在冻结温度下的恒温阶段, 活塞模型所受压力的调节问题

冻结应力温度控制曲线见图 4.8. 由于冷空气传热慢, 而且冻结温度下模型承受气压会产生材料蠕变, 所以在冻结温度下气压是分阶段施加. 电热箱降温的速度稍快, 这是考虑活塞模型被缸套等金属构件所包围的缘故.

储气罐加载和测压系统放在电温箱之外, 对活塞模型施加气压装置放在电热箱之内. 当电热箱开始升温时, 活塞模型顶部压力会增加. 因此在室温下储气罐 II 对活塞模型施加的气压值要小于冻结应力实验所要求的气

压值. 而储气罐 I 的气压要略高于冻结应力实验所要求的气压值, 以备补充气压用.

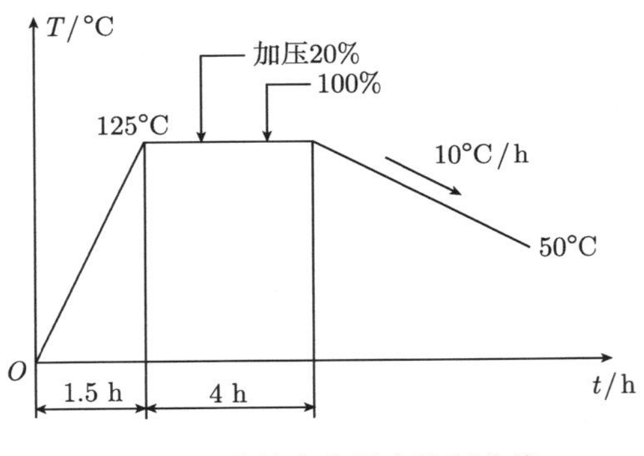

图 4.8　冻结应力温度控制曲线

当电热箱温度在冻结温度 125°C 的恒温阶段, 要经常观察 U 形管水银压力计所示的气压值, 一方面要观察活塞模型施加的气压是否有漏气现象, 另一方面看这时的气压是大于还是小于冻结应力实验的要求值. 然后可以通过橡胶管 D 夹子补充气压或是通过橡胶管 C 夹子减压进行调节. 但应注意, 电热箱开始降温前施加到活塞模型的压力应该是实验的要求值.

3) 在冻结应力的降温阶段, 如何对活塞模型的气压进行调节

活塞模型在降温过程中, 由气体收缩则气压会减小, 所以把橡胶管 D 夹子松开让储气罐 I 的气体进入储气罐 II, 使模型所受压力增加, 要小心地、实时地补充压力, 绝不能产生大的压力降后又补充压力. 因为温度低于冻结温度后, 模型应力还没有完全冻结, 当模型所受压力减小后, 模型应力也减小, 但再增加模型气压后, 这时模型温度已低于冻结温度, 所以模型应力也恢复不到原有的应力值. 在此指出, 因为储气罐的体积远大于活塞燃烧室容积, 如果 D 夹子略微放松, 当活塞燃烧室内压力减小时, 储气罐会自动向活塞燃烧室补气, 活塞燃烧室内的压力不会有明显的减小.

4) 冻结应力实验卸载的温度

通过基本实验得知, 当模型温度降至 60°C 时, 模型应力就能冻结好, 为安全起见, 可选择电热箱 50°C 时作为终止试验时刻. 气压也不需再调

节了.

5) 冻结应力实验中由于密封不佳而发生漏气和减压问题

在冻结应力过程中, 如发现施加到模型的压力由于漏气而减压, 则应终止实验. 如果从冻结温度开始降温以后发现有漏气现象, 则不能应用补气增压的方法进行补救的, 这是因为在低于冻结应力温度 125°C 时, 如果模型压力减小, 则模型应力要随之减小, 虽然立即补压, 但这时温度已低于冻结温度, 所以模型应力是不能恢复到原来模型的应力数值的. 故需终止实验后, 解决漏气根源, 然后重新进行模型冻结应力实验. 还可能又出现新漏气而终止实验, 再进行第三次模型冻结应力实验. 那么, 由于多次的反复升温、降温会对模型材料条纹值产生什么影响呢? 对混合料配比相同而跟随模型固化的圆柱体材料, 加工出圆盘试件 A 和 B, 然后对圆盘 A 和 B 分别进行第一、第二、第三次冻结应力实验, 测出各次的冻结材料条纹值见表 4.1, 重复冻结的三次 $f_{\sigma t}$ 最大差都小 1%, 因此, 在气压加载模型冻结应力实验中, 如遇到漏气减压是可以终止实验的, 然后再重新作冻结应力实验. 在此指出, 如果光弹性模型两次固化温度控制设计的不合理, 混合料固化不完全, 则重复冻结的 $f_{\sigma t}$ 就会有较大的区别. 那么, 对这种光弹性模型是不能重复进行冻结应力实验的.

表 4.1 重复冻结时的冻结材料条纹值 $f_{\sigma t}$(单位: MPa·cm/条)

材料批号	第一次	第二次	第三次	相差最大%
A	0.0376	0.0373	0.0376	0.800
B	0.0361	0.0361	0.0364	0.830

4.2.3 实验结果

1. 模型材料热光曲线和冻结材料条纹值

在固化活塞光弹性模型的同时也固化一个圆柱体, 从圆柱体中截取一个圆盘, 测得的热光曲线如图 4.9 所示, 从而得到材料的临界温度 t_c=124°C, 因为活塞模型被金属所包围, 所以冻结温度选取 125°C 便可. 冻结材料条纹值为 0.0351MPa·cm/条.

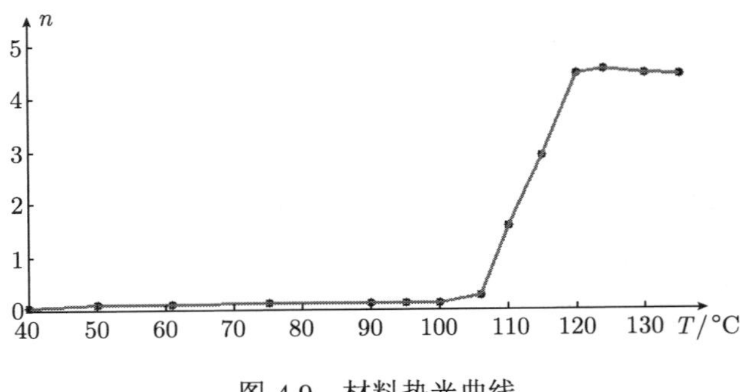

图 4.9　材料热光曲线

2. 切片位置和测试方法

切片位置如图 4.10 所示, 切片 1 和切片 2 都与活塞顶平面垂直. 活塞销中心线在切片 1 的中面上. 切片 2 和切片 1 平行, 燃烧室中心在切片 2 的中面上.

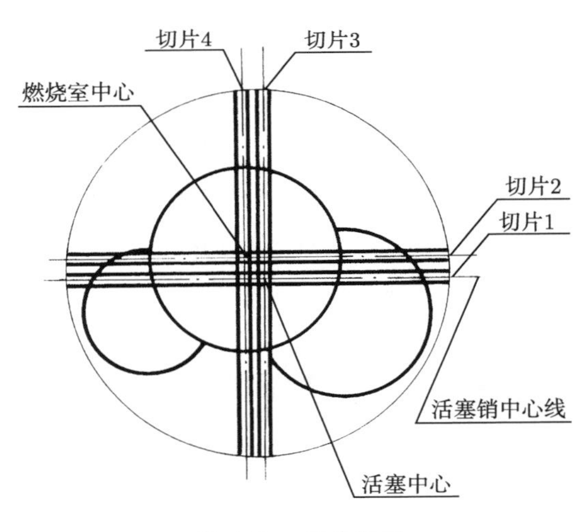

图 4.10　切片位置

切片 1 见图 4.11(a), 活塞内腔自由边界上任意一点 A 的应力状态如图 4.11(b) 所示, 其中应力

$$\sigma_n = 0, \quad \tau_{n\theta} = \tau_{\theta n} = 0, \quad \tau_{nm} = \tau_{mn} = 0 \tag{4.1}$$

当光线垂直照射切片 1 时, 可测出 A 点的等差线条纹级次 n_θ, 则 A 点与边界相切方向的垂直应力

$$\sigma_m = \pm\frac{n_\theta f_{\sigma t}}{d} \tag{4.2}$$

利用库克补偿器或其他补偿方法可以判断 σ_m 是拉应力或压应力.

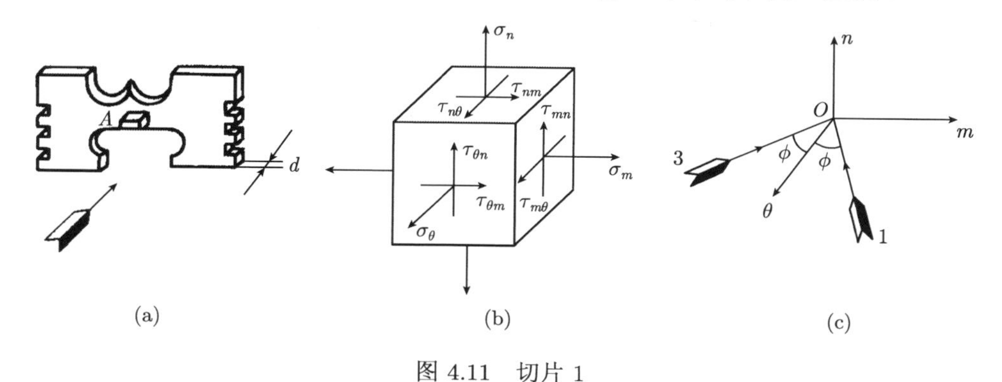

图 4.11　切片 1

A 点 σ_θ 和 $\tau_{m\theta}=\tau_{\theta m}$ 可以通过对该切片采用一次垂直照射和两次斜射法求出. 如图 4.11(c) 所示. 在平面 $m\theta$ 内, 沿 1 方向对切片斜射一次 (斜射角为 ϕ), 测出 A 点的等差线条纹级次 n_1. 仍在平面 $m\theta$ 内沿 3 方向对切片斜射一次 (斜射角为 ϕ), 测出 A 点的等差线条纹级次 n_3. 则 A 点应力

$$\sigma_\theta=\frac{f_{\sigma t}}{d}\left[\frac{(n_1+n_3)\cos\phi-2n_\theta\cos^2\phi}{1-\cos 2\phi}\right] \tag{4.3}$$

$$\tau_{m\theta}=\tau_{\theta m}=\frac{f_{\sigma t}}{d}\left(\frac{n_3-n_1}{4\sin\phi}\right) \tag{4.4}$$

式中 n_θ、n_1、n_3 有正负之分. 当沿 θ 方向入射使用库克补偿器或其他补偿方法判断 σ_m 为拉应力时, 则 n_θ 为正值, 如 σ_m 为压应力时, 则 n_θ 为负值. 当沿 1 和 3 方向斜射时, 则 n_1 和 n_3 的正负也这样规定, 不过此时的边界应力不是 σ_m, 而是对应沿 1 和 3 方向入射时的边界应力 σ'_m.

切片 2 如图 4.12(a) 所示, 活塞顶面和燃烧室表面任意一点 B 的应力状态如图 4.12(b) 所示, 因为燃烧室有法向载荷 (内压 q), 则

$$\sigma_n=q,\quad \tau_{n\theta}=\tau_{\theta n}=0,\quad \tau_{nm}=\tau_{mn}=0 \tag{4.5}$$

当光线垂直照射切片 2 时, 可测的 B 点的等差线条纹级次 n_θ, 利用库克补偿器或其他补偿方法可以判断 σ_m 和 q 何者代数值为大, 如 B 点边界应力 $\sigma_m>q$, 则

$$\sigma_m-q=\frac{n_\theta f_{\sigma t}}{d} \tag{4.6}$$

利用库克补偿器或其他补偿方法可以判断 σ_m 是拉应力或压应力.

B 点 σ_θ 和 $\tau_{m\theta}=\tau_{\theta m}$ 同理对切片采用一次垂直照射和两次斜射法求出. 如图 4.12(c) 所示. 其测试结果是

$$\left.\begin{aligned}\sigma_m = n_\theta \frac{f_{\sigma t}}{d} + q \\ \sigma_\theta = \frac{f_{\sigma t}}{d}\left[\frac{(n_1+n_3)\cos\phi - 2n_\theta\cos^2\phi}{1-\cos 2\phi}\right] + q \\ \tau_{m\theta} = \tau_{\theta m} = \frac{f_{\sigma t}}{d}\left(\frac{n_3-n_1}{4\sin\phi}\right)\end{aligned}\right\} \tag{4.7}$$

q 取代数值, 因是表面压强则以负值代入式 (4.7). n_θ、n_1、n_3 有正负之分. 当沿 θ 方向入射使用库克补偿器或其他补偿方法判断出 $\sigma_m > \sigma_n(=q)$ 时, 则 n_θ 为正值, 如 $\sigma_m < \sigma_n(=q)$ 时, 则 n_θ 为负值. 当沿 1 和 3 方向斜射时, 则 n_1 和 n_3 的正负也这样规定, 不过此时的边界应力不是 σ_m, 而是对应沿 1 和 3 方向入射时的边界应力 σ'_m. 于是, 根据 σ'_m 和 $\sigma_n(=q)$ 的相对大小来确定 n_1 和 n_3 的正负.

根据同样的方法对横向切片 3 和 4 进行观测, 便可得活塞内腔表面和燃烧室表面的边界应力.

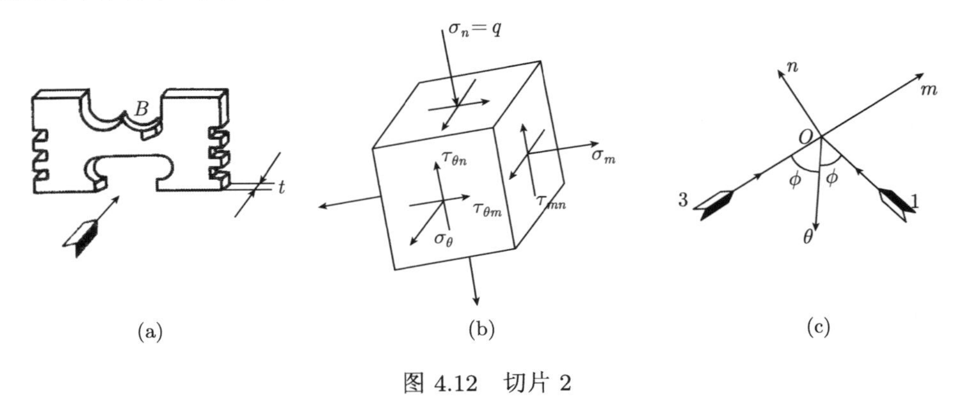

图 4.12　切片 2

3. 活塞实物的应力计算

根据模型相似律, 由模型应力可以求得活塞实际应力

$$\sigma_{实} = \sigma_{模} K_p \tag{4.8}$$

式中, $K_p = p/q$ 为载荷比, 燃烧室最大燃烧压力 p=10MPa, 活塞模型的内压 q=0.0713MPa.

图 4.13 给出切片 1(活塞下半部分) 和切片 2(活塞上半部分) 边界应力 σ_m 的分布. 图 4.14 给出切片 1(活塞下半部分) 和切片 2(活塞上半部分) 边界应力 σ_θ 的分布. 图 4.15 给出活塞切片 2 的等差线.

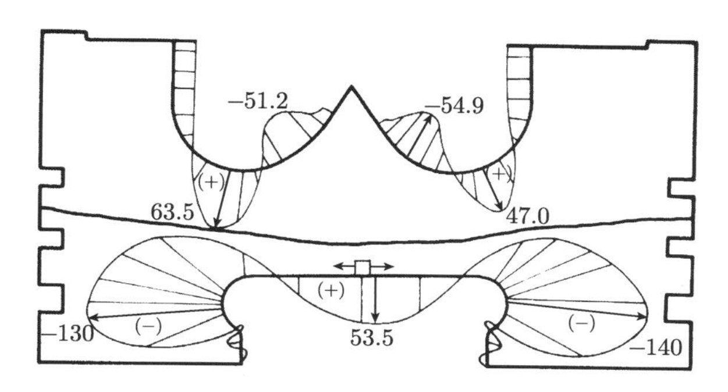

图 4.13 切片 1 和切片 2 边界应力 σ_m 分布 (MPa)

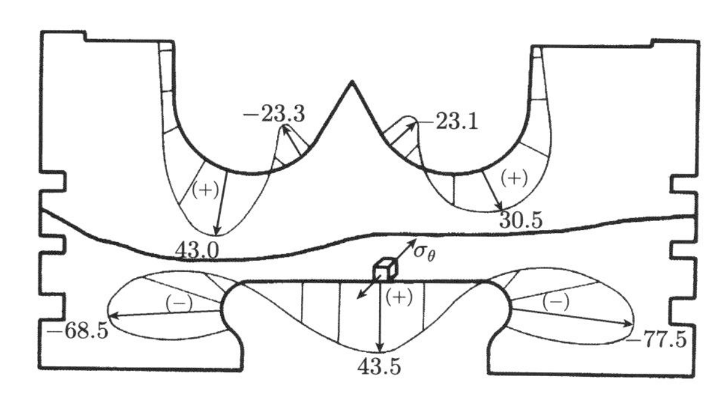

图 4.14 切片 1 和切片 2 边界应力 σ_θ 分布 (MPa)

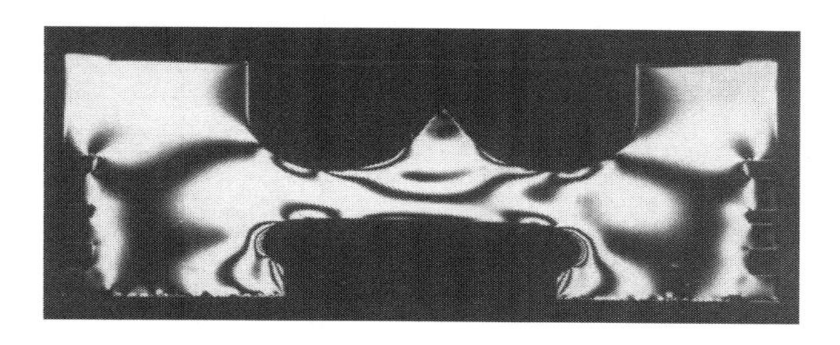

图 4.15 切片 2 等差线

在此指出, 在活塞内腔的销孔上边缘接触应力是很大的, 甚至造成此处开裂. 于是, 将活塞模型此处的形状分别加工成三种形状 —— 直角、45° 倒角和圆角, 通过冻结应力活塞模型的切片 1 的等差线可以看出, 图 4.16 活塞内腔右侧销孔边缘是 90°, 接触应力最严重. 图 4.17 内腔左侧销孔边缘为 45° 倒角, 其接触应力最大的位置从边缘往里移. 图 4.16 活塞内腔左侧销孔边缘为圆弧过渡, 其接触应力最大的位置更往里移.

图 4.16　切片 1 销孔边缘 90° 时的等差线

图 4.17　切片 1 销孔边缘 45° 倒角时的等差线

4.3　地铁地下车站拱壳柱结构光弹性模型模拟土压力载荷的冻结应力分析 [14]

在地铁地下车站地下暗挖建站工程中, 地下车站采用地下拱壳柱结构, 为了模拟地下车站上部土压力的载荷作用, 应用气压加载的方式施加在模型上.

4.3.1　拱壳柱结构光弹性模型的制造

1. 模具的制作

地下车站采用图 4.18 所示的结构, 沿 z 轴方向选取一个跨度制作三拱两柱光弹性模型, 由于模型形状复杂难以用机加工方法成形, 故采用硅橡胶模具进行精密浇铸. 为浇铸光弹性模型而制作的三拱两柱木质阳模如图 4.19(a) 所示, 以 xz 平面作为分形面, 在阳模上涂一层硅油作为脱模剂, 然后涂敷厚度为 15mm 的硅橡胶作为内衬, 为了提高模具的机械强度, 在内衬外部再涂敷一层石膏和室温固化环氧树脂的混合料作为外壳. 待石膏和环氧树脂材料的外壳固化后, 再把三拱两柱模具取出. 制作成的三拱两柱上、下两部分的硅橡胶阴模如图 4.19(b) 和图 4.19(c) 所示. 制作成的下半部硅橡胶阴模中的三拱两柱阳模见图 4.20 所示.

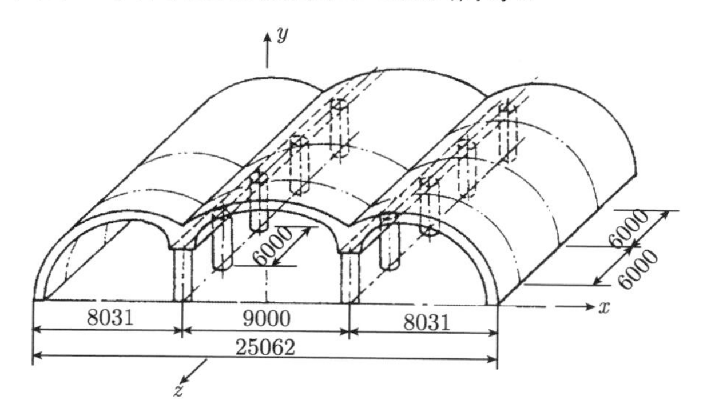

图 4.18 地下车站拱壳结构 (单位: mm)

图 4.19 三拱两柱阳模与硅橡胶阴模

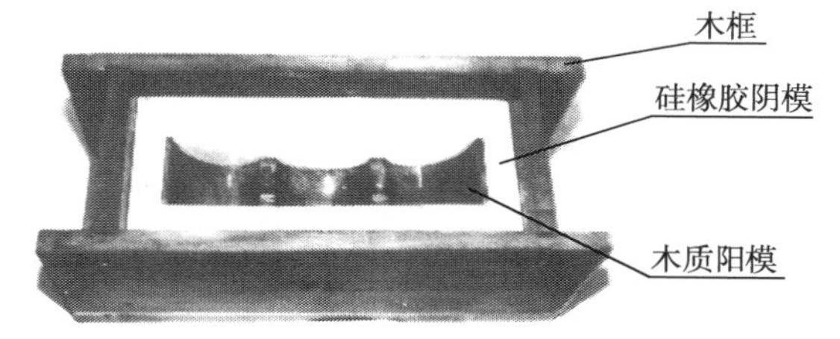

图 4.20 下半部硅橡胶阴模中的三拱两柱阳模

2. 模型的浇铸和固化

三拱两柱光弹性模型材料选用#6101 环氧树脂、固化剂顺丁烯二酸酐和增塑剂邻苯二甲酸二丁酯, 三者按重量的配比为 100 : 35 : 5. 混合料采用两次固化法, 其温度控制曲线如图 4.21 所示. 在 48°C 下恒温 6d 后混合料达到凝胶状态, 再经 55°C 和 60°C 两个恒温阶段自然冷却至室温. 由于三拱两柱光弹性模型刚度较小, 要小心拆模, 先从分形面开始, 用钢锯分块拆模具, 再从拱的凹面分块取出石膏和浇冒口中的混合料, 然后再分离拱的凸面部分. 除去模型上的毛刺, 修整模型分形面, 把模型 xz 平面放在玻璃平板上, 一起放入变压器油中进行第二次固化, 机油可使模型温度均匀, 并有助于拱形状保持不变.

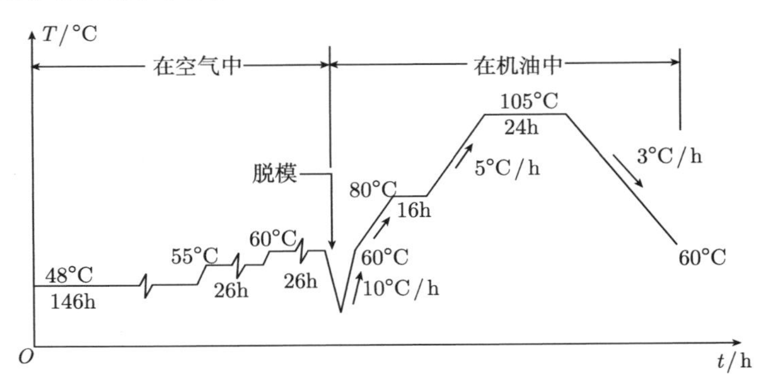

图 4.21　两次固化温度控制曲线

为防止固化后的三拱两柱光弹性模型产生气泡, 在浇铸模型前, 将浇铸模具分别围绕 z 轴逆时针旋转 10° ~15°, 围绕 x 轴逆时针旋转 5° ~10° 进行放置, 这样有助于环氧树脂混合料在固化过程中气泡的排出. 在电热箱中使浇铸模具先进行预热, 采用底铸法将环氧树脂混合料缓慢浇入模具中, 浇口是一个, 冒口可以是多个, 其位置要考虑固化过程中气泡顺畅排出. 浇铸成的三拱两柱光弹性模型如图 4.22 所示.

图 4.22　三拱两柱光弹性模型

4.3.2　三拱两柱光弹性模型的试验

1. 气压加载设备

为了模拟模型拱顶承受的均布土压力, 专门设计了一个用乳胶制成的定型薄膜气囊, 将其安放在拱面的顶部, 如图 4.23 所示, 通过气囊进气管施加高于大气压的空气压力, 气压加载和测压设备如图 4.24 所示. 将三拱两柱模型的 xz 面粘到一个相同固化条件件的光弹性材料平板上, 将其放在铝板箱体的底部, 垫块作为填空用. 气囊的乳胶材料要耐 150~200°C 的温度 (医用乳胶厂可协助解决).

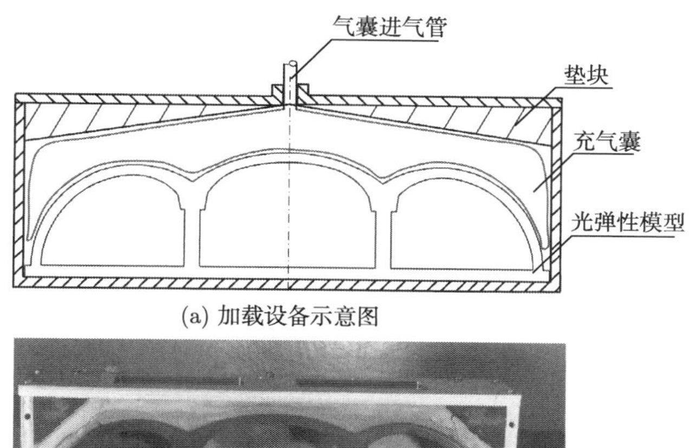

(a) 加载设备示意图

(b) 加载设备照片

图 4.23　模型气压加载设备

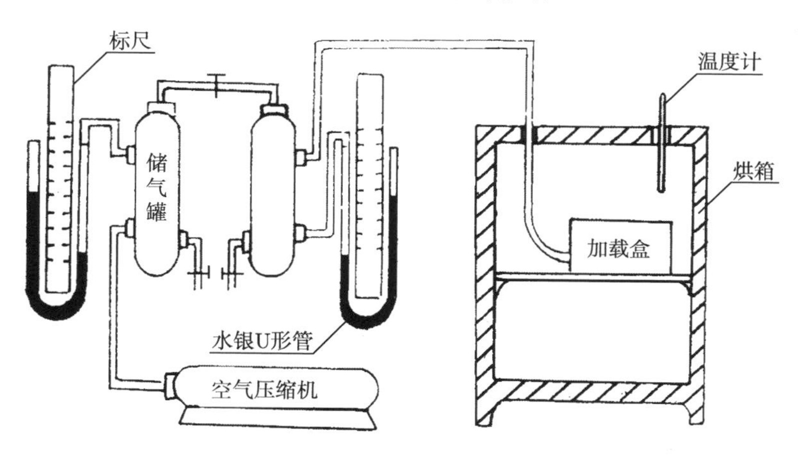

图 4.24　冻结应力加载设备

2. 三拱两柱光弹性模型的冻结应力

模型冻结应力温度控制曲线如图 4.25 所示, 冻结温度是根据圆盘试件热光曲线确定的, 取为 125°C. 在冻结温度下, 开始对模型充气压 20%, 然后分阶段充压至 100%, 由于模型被铝板和气囊所包围, 散热速度慢, 故降温速度可稍快些, 选为 10°C/h.

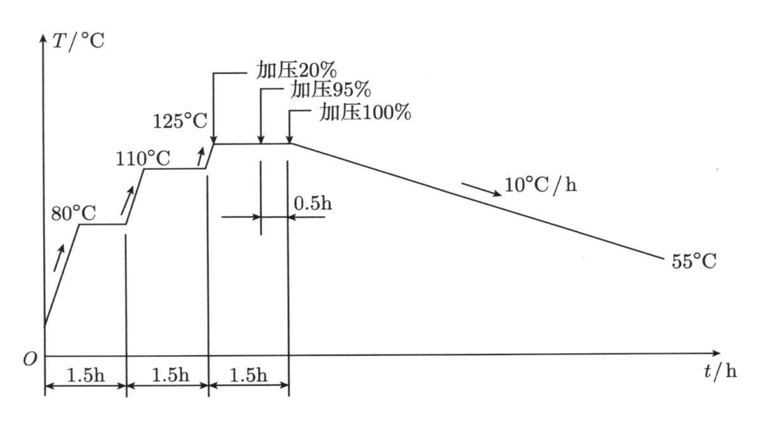

图 4.25　模型冻结应力温度控制曲线

如果实验是在冬季进行, 实验要持续十几个小时, 为使电热箱温度下调时, 气囊内压力不致明显下降, 建议储气罐采取保温措施. 在降温之前, 气囊压力要保持实验要求的值. 在降温过程中, 要保持气囊压力的稳定性, 当模型降至 60°C 时, 模型的应力就已冻结了. 为安全起见, 选择电热箱 50°C 作为关闭电源的时刻.

4.3.3　实验结果

1. 模型材料冻结温度和冻结材料条纹值

在固化三拱两柱光弹性模型的同时, 也固化一个圆柱体, 从圆柱体截取一个圆盘, 从热光曲线得出临界温度 t_c=122°C, 模型的冻结温度选为 125°C 便可. 冻结材料条纹值为 0.0349MPa·cm/条.

2. 切片位置

切片位置如图 4.26 所示, 切片厚度为 d=3mm.

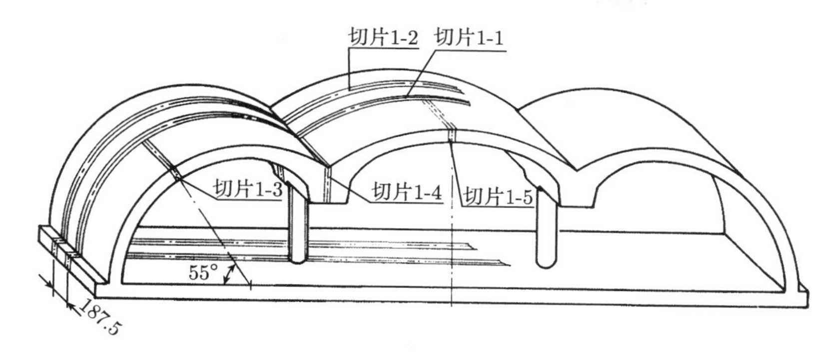

图 4.26 切片位置

3. 三拱两柱模型实物应力计算

根据模型相似律, 由模型应力可以求得模型的实际应力

$$\sigma_{实} = \sigma_{模} K_p \tag{4.9}$$

式中, $K_p = p/q$ 为载荷比, 实际拱壳结构土压强 p=24×10^{4}Pa, 模型气囊压强 q=5526Pa, 模型和实际尺寸之比为 1:80.

图 4.27 和图 4.28 分别给出模型切片 1-1 和切片 1-2与边界相切方向垂直应力的分布. 图 4.29 给出切片 1-1 的主应力迹线分布图. 图 4.30 给出切片 1-1 的等差线.

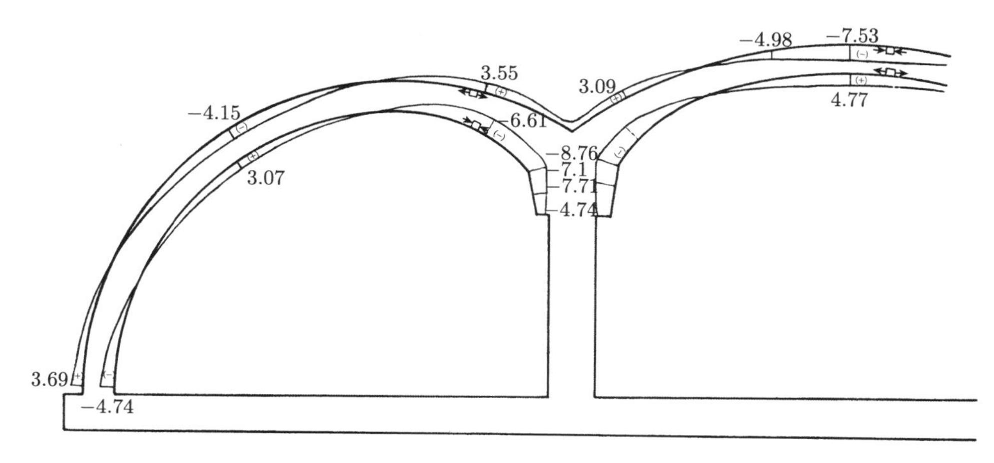

图 4.27 切片 1-1 边界应力分布 (单位: MPa)

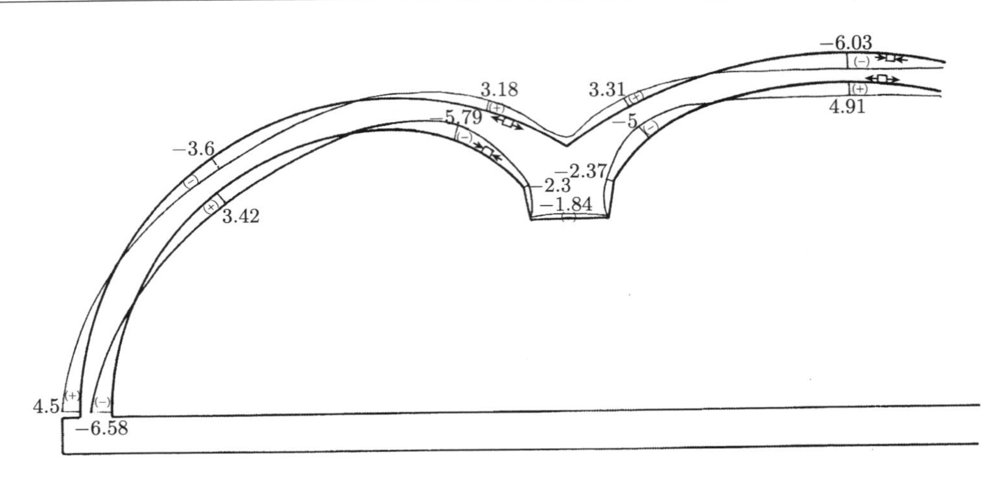

图 4.28　切片 1-2 边界应力分布 (单位：MPa)

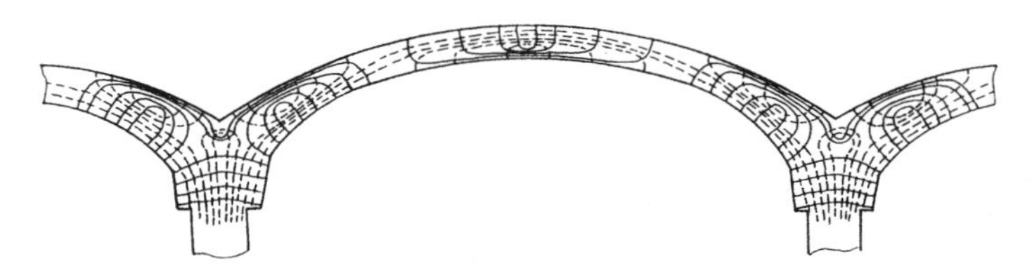

图 4.29　切片 1-1 主应力迹线图 (实线 σ_1, 虚线 σ_2)

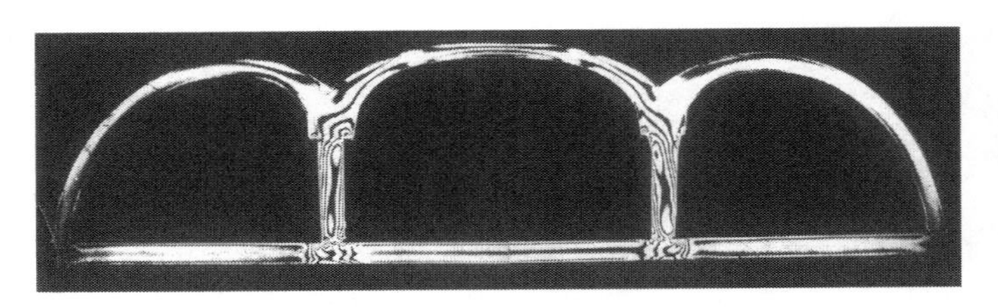

图 4.30　切片 1-1 等差线

由图 4.27 可以看出, 中间拱壳边界拉应力大于两边拱壳边界拉应力 30%. 在实验中发现, 当拱壳顶部压力较大时, 中间拱壳变形较大, 并使模型两立柱的上端分别向两边拱壳方向倾斜, 使立柱处于偏心受压的状态. 为减小中间拱的应力和变形, 可考虑适当减小中间拱的跨度或中间拱采用变厚度截面的设计.

第 5 章　自重和离心力载荷作用下光弹性模型冻结应力分析

5.1　概　　述

对于大尺寸混凝土结构, 如重力坝和矿井井塔倒锥台基础, 它们的重量非常大, 在这种结构设计中, 自重载荷是构件承载不可忽略的部分. 在高速旋转的动力机械中, 如涡轮发动机和涡轮发电机, 其中一些构件在离心力载荷作用下产生非常大的应力和变形, 以致在微裂纹扩展过程中造成破坏.

下面结合矿井井塔倒锥台基础和旋转圆盘光弹性模型, 分别介绍自重载荷和离心力载荷作用下光弹性模型冻结应力分析方法.

5.2　井塔倒锥台基础模型在自重载荷作用下光弹性三维应力分析 [13]

5.2.1　施加自重载荷到井塔倒锥台基础光弹性模型上的离心机加载设备

井塔倒锥台基础光弹性模型见图 5.1. 其自重载荷的分布见图 5.2, 模型各点单位体积的重力为

$$W = mg \tag{5.1}$$

其中, m 为单位体积的质量, g 为重力加速度.

为了把这种重力即体积力施加到模型内部, 其方法是将模型底部安装在离心机上, 让模型等速旋转, 如图 5.3 所示, 倒锥台模型底部粘接到与模型同材料的底板上, 然后把它通过螺栓固定在离心机的底板上. 离心机的旋转半径 R=1.8m. 旋转速度可以选择合适值, 本实验旋转速度为 $n =$

300r/min.

图 5.1　井塔倒锥台基础光弹性模型

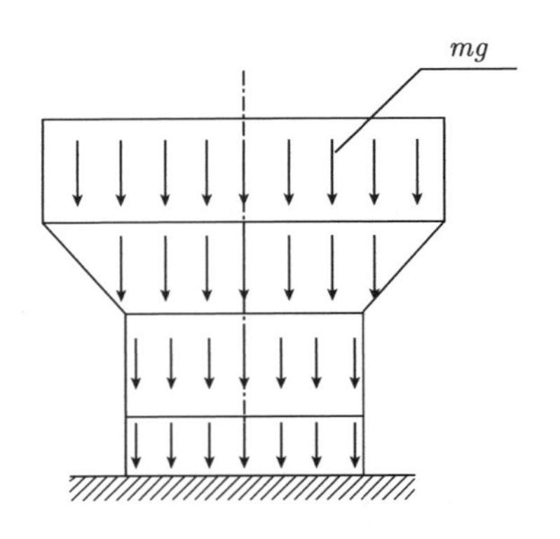

图 5.2　井塔倒锥台基础自重载荷

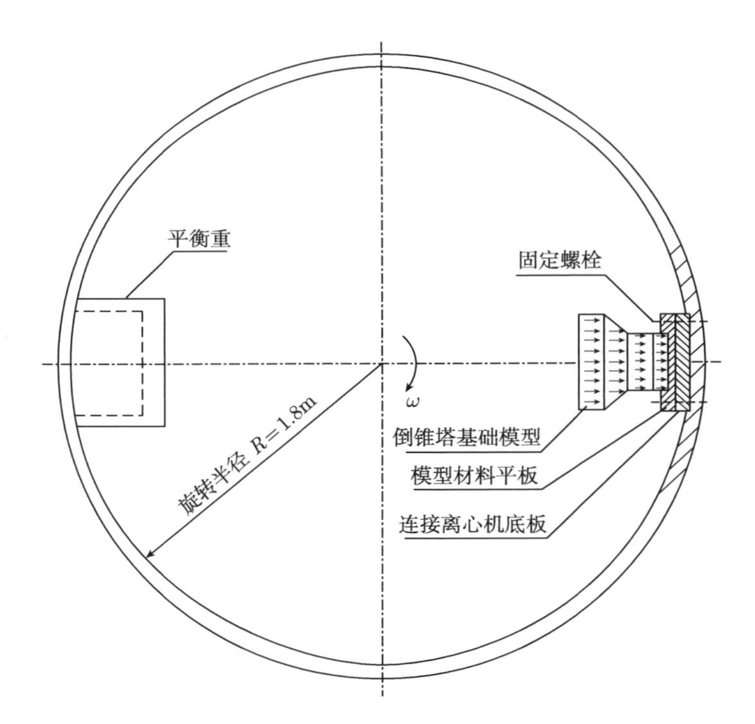

图 5.3　离心机设备简图

在进行倒锥台模型的冻结应力实验时, 为保证光弹性模型在离心机旋转过程中的温度能够被控制, 离心机上有一个密封电热箱, 倒锥台模型实际是安装在与离心机一起旋转的电热箱内, 电热箱能够控制光弹性模型保持恒温、降温或停止加热.

为了使离心机在旋转过程中保持动平衡, 在与倒锥台模型相对称的位置安置平衡重. 离心机的旋转速度, 旋转电热箱内的温度都可以远距离进行电子监控.

5.2.2 倒锥台基础模型冻结应力的操作过程

(1) 根据模型材料的热光曲线, 确定出模型材料冻结温度为 129°C.

(2) 先把倒锥台基础模型底部粘接到与模型同材料的平板上, 然后通过螺栓将此平板连接到钢板上, 如图 5.3 所示, 此模型组合件先放入离心机外部的电热箱中预热, 预热温度比模型材料冻结温度高约 11°C.

(3) 当准备进行模型冻结应力试验前, 把预热好的模型组合件安装到已经提前预热的离心机上的小型电热箱中, 如图 5.3 所示, 小型电热箱固定在离心机上. 小型电热箱是密封的, 当离心机旋转时, 以保证小型电热箱的温度不致散热过快.

(4) 离心机在没安装模型情况下, 先使离心机上的小电热箱预热到 150°C, 然后让离心机空转半小时, 小电热箱内温度降至 135°C. 让离心机停机, 把提前预热 140°C 的模型组合件安装到离心机上小电热箱中. 启动离心机使其转速逐渐增速, 其控温曲线见图 5.4, 在小电热箱恒温和降温过程中, 离心机保持在恒定的旋转速度下, 当温度降至 70°C 时, 关闭小电热箱的电源, 离心机旋转 15min 后, 小电热箱温度降至 60~62°C, 使离心机停止旋转, 室温下把模型组合件取出, 光弹性模型已把自重应力冻结下来.

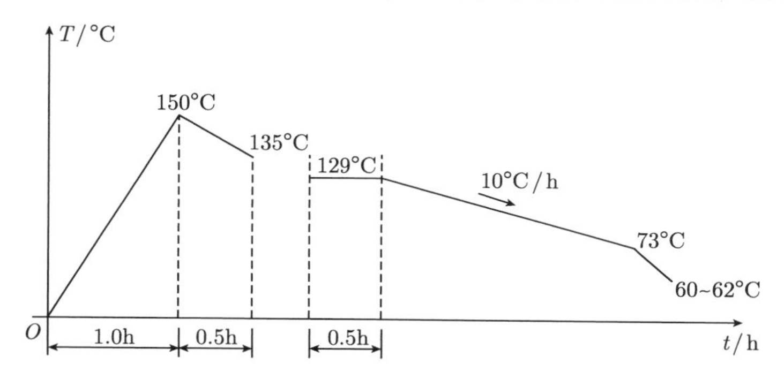

图 5.4 冻结应力温度控制曲线

5.2.3　模拟自重的模型冻结应力试验情况下，模型材料冻结条纹值的确定

进行模拟自重模型试验时，确定模型材料冻结条纹值的试件一般采用矩形杆或圆盘，将它安装在靠近模型的位置，跟着模型随离心机旋转.

1. 矩形杆试件材料冻结条纹值的确定

矩形截面杆试件底面在离心机上与光弹性模型安装在同一个基准面上，先把矩形杆试件底部粘接到与模型同材料的平板上(即图 5.3 中的模型材料平板). 矩形杆试件尺寸与安装位置如图 5.5 所示. 矩形截面杆试件随模型一起冻结应力，然后根据矩形截面杆试件冻结应力的等差线条纹就可以计算出模型材料的冻结条纹值 $f_{\sigma t}$.

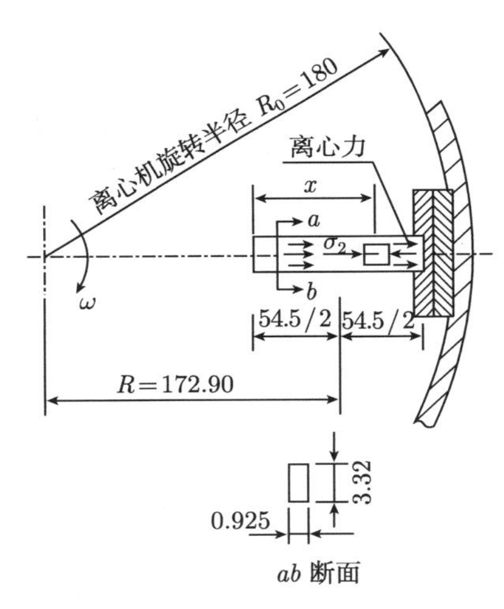

图 5.5　离心机上的矩形杆试件 (单位：mm)

在离心力的作用下，矩形杆试件 x 截面的压应力为

$$\sigma_2 = \frac{\dfrac{xA\gamma}{g}R\omega^2}{A} = \frac{x\gamma}{g}R\omega^2 \tag{5.2a}$$

式中，A 为杆的横截面积；R 为杆轴线中央到离心机旋转中心距离；g 为重力加速度；ω 为离心机在 300r/min 转速下的角速度；γ 为模型材料的比重 $\gamma = 1.24$，重力加速度 $g = 981\text{cm/s}^2$.

x 截面上任一点的主应力差与材料条纹值 $f_{\sigma t}$ 的关系式为

$$\sigma_1 - \sigma_2 = \frac{f_{\sigma t}}{d} n \tag{5.2b}$$

式中, $f_{\sigma t}$ 为材料模型条纹值 (是未知量); n 为矩形试件 x 截面上中央处的条纹级次; d 为矩形杆试件的厚度.

对于矩形杆 x 截面上任一点的主应力 $\sigma_1 \approx 0$, 则式 (5.2b) 可写为

$$|\sigma_2| = \frac{f_{\sigma t}}{d} n \tag{5.2c}$$

由式 (5.2a) 和式 (5.2c) 可得

$$f_{\sigma t} = \left(\frac{\gamma}{g} R\omega^2\right) \frac{xd}{n} = 0.1988 \frac{x}{n} \tag{5.3}$$

矩形杆试件冻结应力后, 测得的等差线条纹图见图 5.6, 在 x=3cm 截面处条纹级次 n=1.539, 由式 (5.3) 得模型材料冻结条纹值为

$$f_{\sigma t} = 0.0389\text{MPa}\cdot\text{cm}/条$$

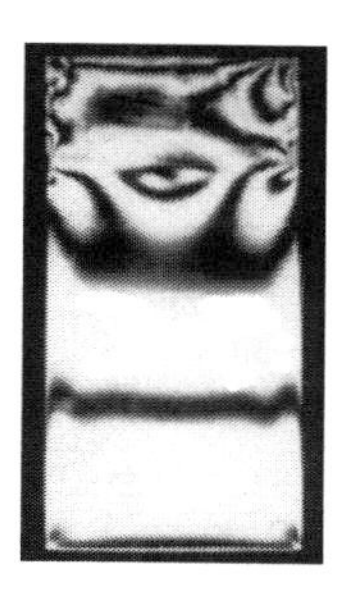

图 5.6 矩形杆试件的等差线

2. 圆盘试件材料冻结条纹值的确定

除利用矩形截面杆试件确定材料冻结条纹值以外, 还可以利用圆盘试件确定材料冻结条纹值.

圆盘试件粘接到和光弹性模型底面同一个基准面上, 如图 5.7 所示, 圆盘直径 D=3.5cm, 厚度 d=0.516cm.

圆盘试件旋转半径 R=173.88cm, 离心机转速为 300r/min, 模型材料比重 γ=1.24, 重力加速度 g=981cm/s^2, 圆盘中心点的主应力差根据有限

元计算得

$$\sigma_1 - \sigma_2 = 0.07593\text{MPa} \tag{5.4}$$

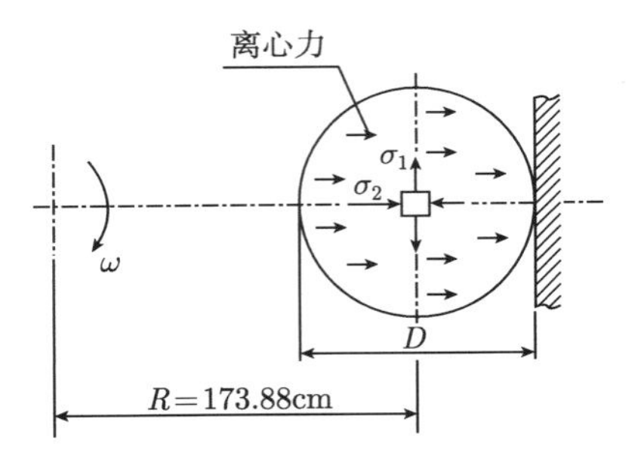

图 5.7　离心机上的圆盘试件

圆盘中心点主应力差和模型材料条纹值 $f_{\sigma t}$ 之间的关系为

$$\sigma_1 - \sigma_2 = \frac{f_{\sigma t}}{d} n \tag{5.5}$$

圆盘试件在离心力作用下, 经冻结应力后, 其等差线条纹图见图 5.8, 测得其中心点的等差线条纹级次 n=0.989.

图 5.8　圆盘试件的等差线

根据式 (5.4) 和式 (5.5) 得到模型材料冻结条纹值

$$f_{\sigma t} = \frac{0.07593 \times 0.516}{0.989} = 0.0396\text{MPa} \cdot \text{cm/条}$$

用矩形截面杆和圆盘试件测得的模型材料冻结条纹值相差仅为 1.76%.

5.2.4　离心力模拟自重模型的相似律计算

对于应力–应变关系成线性的构件, 根据模型相似律得到实物和模型应

力的相似关系为

$$K_\sigma = K_\gamma \cdot K_L = 1.12 \tag{5.6}$$

式中, 应力相似数 $K_\sigma = \dfrac{\sigma}{\sigma'}$, 材料相似数 $K_\gamma = \dfrac{\gamma}{\gamma'} = \dfrac{2.4}{214}$, 尺寸相似数 $K_L = \dfrac{l}{l'} = \dfrac{100}{1}$, σ 为实物应力, σ' 为模型应力, γ 为混凝土材料单位体积的质量, γ' 为模型单位体积的质量, l 为实物尺寸, l' 为模型尺寸.

5.2.5 矿井井塔倒锥台基础光弹性模型在自重载荷下三维应力分析 [7,13]

井塔倒锥台基础的结构和尺寸如图 3.20 所示. 欲求光弹性模型内

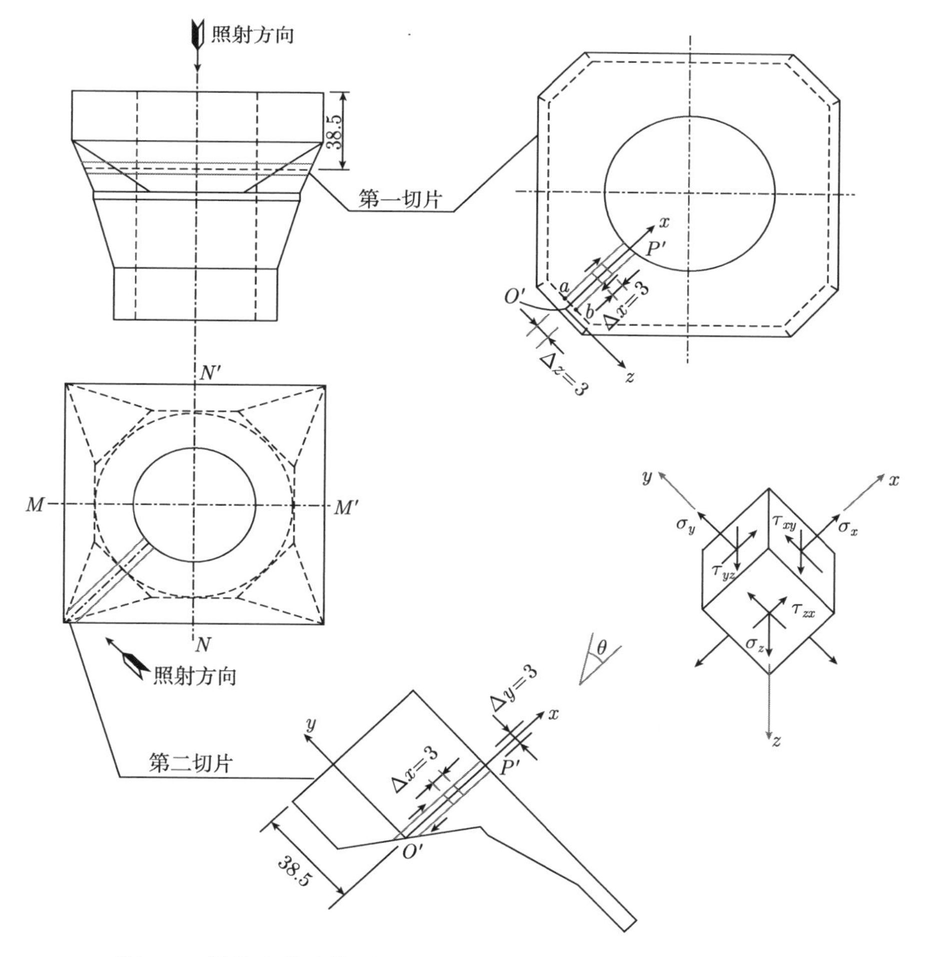

图 5.9 倒锥台基础模型 $O'P'$ 直线位置与切片方案 (单位: mm)

部 $O'P'$ 直线上各点的 σ_x, σ_y, σ_z, τ_{xy}, τ_{yz}, τ_{zx} 应力分布和主应力 σ_1, σ_2, σ_3 应力分布, $O'P'$ 直线的位置和模型的切片方案如图 5.9 所示, 对于一般形状三维模型的应力分析, 需要应用冻结三个光弹性模型, 在其中两个模型上分别沿 $O'P'$ 直线截取 zx 切片 (称第一切片) 和 xy 切片 (称第二切片), 使 $O'P'$ 直线在 yz 和 zx 切片的中面上. 在另一个模型上, 垂直于 $O'P'$ 直线截取一组 yz 切片, 这是为了测试 $O'P'$ 直线上各点 τ_{yz} 而需要的. 但是, 对于几何形状和载荷轴对称的三维模型, 仅应用一个光弹性模型就可以求解 $O'P'$ 直线上各点的六个应力分量和 σ_1, σ_2, σ_3. 而井塔倒锥台基础模型的形状和载荷是轴对称的, 所以它就属于这类问题.

利用第二切片 (xy 切片), 光线对 xy 切片正射, 其等差线如图 5.10(a) 所示, 可测得等差线条纹级次 n'' 和等倾线参数 θ_{xy}, 从而求得

$$\sigma_x-\sigma_y=(\sigma_1''-\sigma_2'')\cos 2\theta_{xy}=\frac{n''f_{\sigma t}}{d_2}\cos 2\theta_{xy}=\pm\sqrt{(\sigma_1''-\sigma_2'')^2-4\tau_{yx}^2} \quad (5.7)$$

$$\tau_{xy}=\frac{\sigma_1''-\sigma_2''}{2}\sin 2\theta_{xy}=\frac{n''f_{\sigma t}}{2d_2}\sin 2\theta_{xy} \quad (5.8)$$

式中, $(\sigma_1''-\sigma_2'')$ 为光线沿 z 轴方向入射时的次主应力差; d_2 为切片厚度; θ_{xy} 为 xy 切片次主应力 σ_1'' 与 x 轴的夹角.

利用第一切片 (zx 切片), 光线对 zx 切片正射, 其等差线如图 5.10(b) 所示, 可测得等差线条纹级次 n' 和等倾线参数 θ_{zx}, 从而求得

$$\sigma_z-\sigma_x=(\sigma_1'-\sigma_2')\cos 2\theta_{zx}=\frac{n'f_{\sigma t}}{d_1}\cos 2\theta_{zx}=\pm\sqrt{(\sigma_1'-\sigma_2')^2-4\tau_{zx}^2} \quad (5.9)$$

$$\tau_{zx}=\frac{\sigma_1'-\sigma_2'}{2}\sin 2\theta_{zx}=\frac{n'f_{\sigma t}}{2d_1}\sin 2\theta_{zx} \quad (5.10)$$

式中, $(\sigma_1'-\sigma_2')$ 为光线沿 y 轴方向入射的次主应力差; d_1 为切片厚度; θ_{zx} 为 zx 切片次主应力 σ_1' 与 z 轴的夹角.

由式 (5.8) 和式 (5.10) 可求出 $O'P'$ 线上各点的 τ_{xy} 和 τ_{zx}, 由式 (5.7) 和式 (5.9) 求出 $O'P'$ 线上各点的 $(\sigma_x-\sigma_y)$ 和 $(\sigma_z-\sigma_x)$.

下面借助于弹性力学三维平衡微分方程式中沿 x 轴方向的方程式可以求出 $O'P'$ 线上各点的 σ_x.

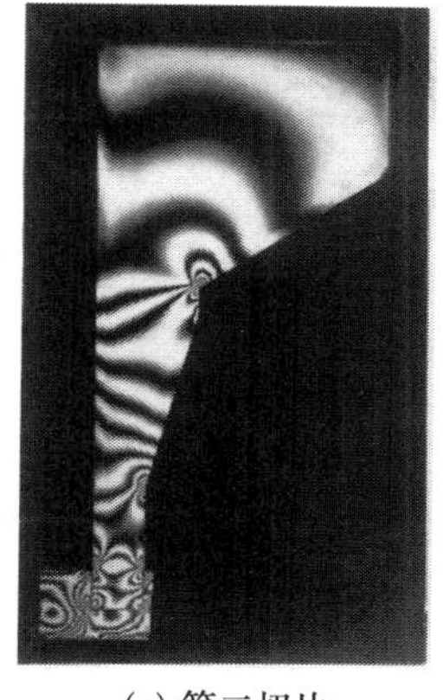

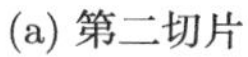

(a) 第二切片

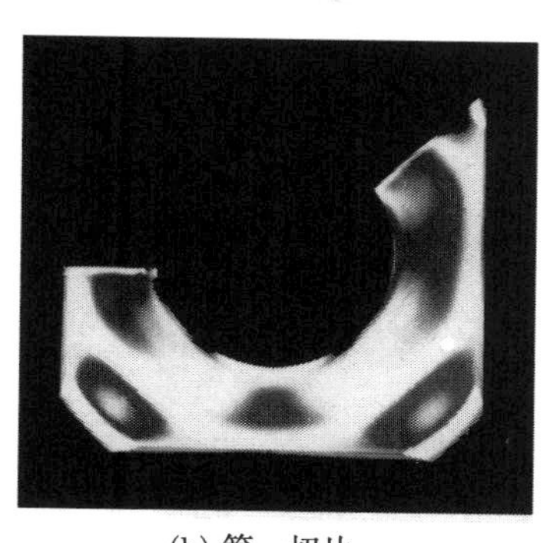

(b) 第一切片

图 5.10 第一和第二切片的等差线

对于考虑自重的模型, 沿 x 轴方向的平衡微分方程式为

$$\frac{\partial \sigma_x}{\partial x}+\frac{\partial \tau_{yx}}{\partial y}+\frac{\partial \tau_{zx}}{\partial z}+\gamma_x=0 \tag{5.11}$$

在 $O'P'$ 线上, 从 O' 至 $O'P'$ 线上任意点 K, 对式 (5.11) 进行积分, 并考虑模型离心力在 x 轴方向的分力为零, 则式 (5.11) 可写成

$$(\sigma_x)_K=(\sigma_x)_{O'}-\int_{O'}^{K}\frac{\partial \tau_{yx}}{\partial y}\mathrm{d}x-\int_{O'}^{K}\frac{\partial \tau_{zx}}{\partial z}\mathrm{d}x \tag{5.12a}$$

用有限差分代替偏导数, 并将积分用求和代替, 于是式 (5.12a) 可写为

$$(\sigma_x)_K=(\sigma_x)_{O'}-\sum_{O'}^{K}\frac{\Delta \tau_{yx}}{\Delta y}\Delta x-\sum_{O'}^{K}\frac{\Delta \tau_{zx}}{\Delta z}\Delta x \tag{5.12b}$$

式中, $(\sigma_x)_{O'}$ 为 $O'P'$ 线端点 O'(即模型边界点) 的垂直应力分量 σ_x, 其数值可根据模型边界几何形状和边界点的等差线条纹级次 n'' 和 n' 求出. 第二切片 O' 点与自由边界相切方向的垂直应力为 σ'', 如图 5.11(a) 所示, 可以求出 O' 点由于 σ'' 产生的 $(\sigma_x)_{O''}$. 第一切片 O' 点与自由边界相切的垂直应力为 σ', 如图 5.11(b) 所示, 由于 σ' 方向垂直于 x 轴, 所以 O' 点由于 σ' 产生的 $(\sigma_x)_{O'}$ 为零, 故 O' 点 $(\sigma_x)_{O'}$ 应为 $(\sigma'_x)_{O''}$.

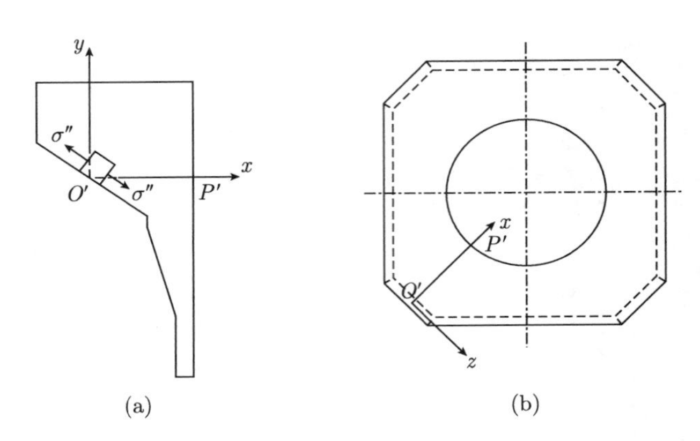

图 5.11 模型自由边界点 $(\sigma_x)_O$ 的计算

如图 5.10(a) 所示, 利用第二切片, 在 $O'P'$ 直线上、下等距离处画两条平行线 O_2P_2 和 O_1P_1, 其间距离 Δy=3mm, 将 $O'P'$ 线分成若干等份, 每份长 Δx=3mm(最后一分段除外), 如图 5.12 所示. 根据光线对 xy 切片正射测得的等差线和等倾线, 可求得 O_1P_1 和 O_2P_2 线上各分点的剪应力 τ_{yx}, 从而可求出 $O'P'$ 线上各分点的 $\Delta\tau_{yx} = (\tau_{yx})_{O_2P_2} - (\tau_{yx})_{O_1P_1}$.

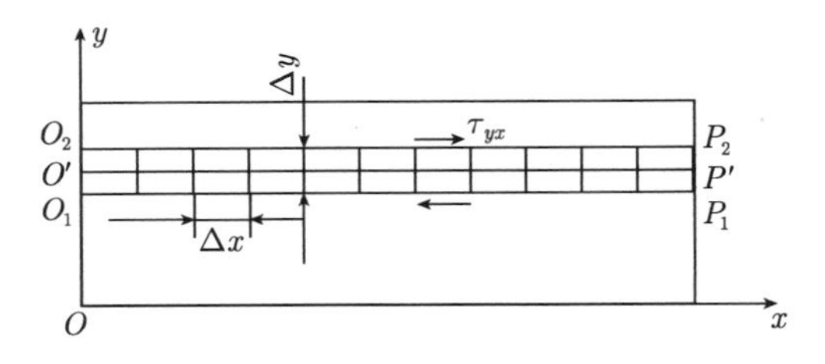

图 5.12 第二切片上的 $O'P'$ 线

如图 5.10(b) 所示, 利用第一切片, 在 $O'P'$ 直线上、下等距离处画两条平行线 O_4P_4 和 O_3P_3, 其间距离 Δz=3mm, 将 $O'P'$ 线分成若干等份, 每份长 Δx=3mm, 如图 5.13 所示. 根据光线对 zx 切片正射测得的等差线和

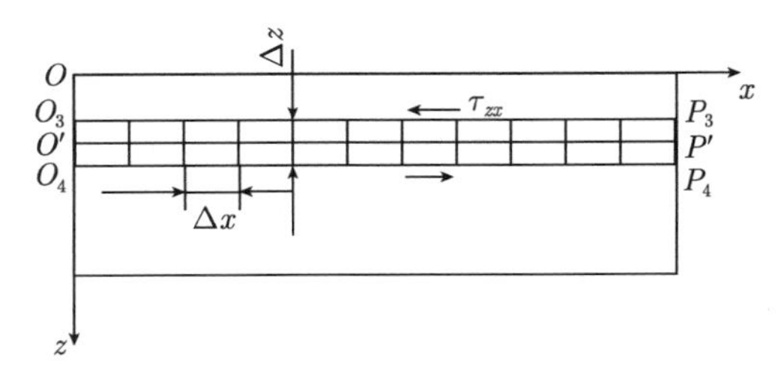

图 5.13 第一切片上的 $O'P'$ 线

等倾线，可求得 O_3P_3 和 O_4P_4 线上各分点的剪应力 τ_{zx}，从而可求出 $O'P'$ 线上各分点的 $\Delta\tau_{zx}=(\tau_{zx})_{O_4P_4}-(\tau_{zx})_{O_3P_3}$.

于是，式 (5.12b) 中的 $\sum\limits_{O'}^{K}\dfrac{\Delta\tau_{yx}}{\Delta y}\Delta x$ 和 $\sum\limits_{O'}^{K}\dfrac{\Delta\tau_{zx}}{\Delta z}\Delta x$ 便可求出.

在式 (5.12b) 中各量都按代数值计算 (包括 Δx 和 Δy)，在选择 $\Delta x=\Delta y$ 情况下，式 (5.12b) 可写为

$$(\sigma_x)_K=(\sigma_x)_{O'}\pm\sum_{O'}^{K}\Delta\tau_{yx}-\sum_{O'}^{K}\Delta\tau_{zx} \tag{5.12c}$$

根据式 (5.12c) 可以求得 $O'P'$ 线上任意点 K 的应力 $(\sigma_x)_K$，将其代入式 (5.7) 和式 (5.9)，即可求得 $O'P'$ 线上 K 点的 $(\sigma_y)_K$ 和 $(\sigma_z)_K$.

对第二切片 (xy 切片) 正射时，测出 $O'P'$, O_1P_1 和 O_2P_2 线上各分点的 $(\tau_{yx})_K$ 见表 5.1.

表 5.1 第二切片 (xy 切片)$O'P'$, O_1P_1 和 O_2P_2 线上各分点的 $(\tau_{yx})_K$

分点	O_2P_2 线				O_1P_1 线				$O'P'$ 线			
	n	θ/°	sin2θ	$(\tau_{yx})_K$ /MPa	n	θ/°	sin2θ	$(\tau_{yx})_K$ /MPa	n	θ/°	sin2θ	$(\tau_{yx})_K$ /MPa
O_2,O_1,O'									0.692	51.2	0.9130	0.0352
1	0.670	53.0	0.9613	0.0359	0.875	57.2	0.9130	0.0446	0.722	55.0	0.9397	0.0378
2	0.747	49.8	0.9860	0.0412	0.853	53.2	0.9593	0.0457	0.786	52.0	0.9703	0.0426
3	0.909	46.0	0.9994	0.0507	0.947	49.3	0.9888	0.0522	0.936	48.5	0.9925	0.0518
4	1.036	41.6	0.9930	0.0573	1.142	45.0	1.0000	0.0638	1.081	43.2	0.9980	0.0603
5	1.167	36.5	0.9563	0.0623	1.311	38.5	0.9744	0.0713	1.228	37.5	0.9659	0.0663
6	1.120	28.5	0.8387	0.0524	1.519	28.6	0.8406	0.0712	1.422	29.3	0.8536	0.0678
7	1.297	19.0	0.6157	0.0446	1.486	19.5	0.6293	0.0522	1.375	20.0	0.6428	0.0493
8	1.244	12.3	0.4163	0.0289	1.375	11.6	0.3939	0.0302	1.297	12.0	0.4067	0.0295
9	1.233	7.5	0.2588	0.0178	1.336	6.7	0.2317	0.0172	1.280	6.7	0.2317	0.0165
10	1.175	3.8	0.1323	0.0087	1.236	3.2	0.1115	0.0077	1.214	3.5	0.1219	0.0083
11	1.114	2.0	0.0698	0.0043	1.181	1.3	0.0454	0.0030	1.158	1.7	0.0593	0.0038
12	1.058	1.0	0.0349	0.0021	1.114	0.6	0.0209	0.0013	1.089	0.6	0.0209	0.0013
P_2,P_1,P'	1.070	0.0	0	0	1.106	0.0	0	0	1.100	0.0	0	0

注：$(\tau_{yx})_K=\dfrac{nf_{\sigma t}\sin 2\theta_{xy}}{2d_2}$，其中 $f_{\sigma t}=0.0392$MPa·cm/条，$d_2=0.351$cm.

对第一切片 (zx 切片) 正射时，测出 $O'P'$, O_3P_3 和 O_4P_4 线上各分点的 $(\tau_{zx})_K$ 见表 5.2.

表 5.2　第一切片 (zx 切片)$O'P'$, O_3P_3 和 O_4P_4 线上各分点的 $(\tau_{zx})_K$

分点	O_4P_4 线				O_3P_3 线				$O'P'$ 线			
	n	$\theta/°$	$\sin 2\theta$	$(\tau_{zx})_K$/MPa	n	$\theta/°$	$\sin 2\theta$	$(\tau_{zx})_K$/MPa	n	$\theta/°$	$\sin 2\theta$	$(\tau_{zx})_K$/MPa
O_4,O_3,O'	0.514	87.0	0.1045	−0.00315	0.514	87.0	0.1045	−0.00315	0.514	87.0	0.1045	−0.00315
1												
2	0.594	86.9	0.1080	−0.00376	0.594	87.0	0.1045	−0.00364	0.594	87.0	0.1045	−0.00364
3	0.633	86.7	0.1149	−0.00428	0.633	86.7	0.1149	−0.00427	0.633	87.0	0.1045	−0.00388
4	0.614	86.6	0.1184	−0.00427	0.614	86.3	0.1288	−0.00464	0.614	86.8	0.1115	−0.00402
5	0.492	86.5	0.1219	−0.00352	0.492	85.5	0.1564	−0.00452	0.492	86.3	0.1288	−0.00372
6	0.350	86.4	0.1253	−0.00257	0.350	84.0	0.2079	−0.00427	0.350	85.0	0.1736	−0.00357
7	0.174	82.8	0.2487	−0.00254	0.174	81.6	0.2890	−0.00295	0.174	82.0	0.2756	−0.00281
8	0.102	77.8	0.4131	−0.00247	0.102	78.5	0.3907	−0.00234	0.102	78.5	0.3907	−0.00234
9	0.083	70.5	0.6293	−0.00307	0.083	75.0	0.5000	−0.00244	0.083	75.0	0.5000	−0.00244
10	0.094	72.0	0.5878	−0.00324	0.094	79.5	0.3584	−0.00198	0.094	77.8	0.4131	−0.00228
11	0.100	79.6	0.3551	−0.00208	0.100	86.7	0.1149	−0.00067	0.100	86.6	0.1184	−0.00069
12	0.092	87.7	0.0802	−0.00043	0.092	88.5	0.0523	−0.00028	0.092	88.5	0.0523	−0.00028
P_4,P_3,P'	0.094	90.0	0	0	0.094	90.0	0	0	0.094	90.0	0	0

注：$(\tau_{zx})_K = \dfrac{nf_{\sigma t}\sin 2\theta_{zx}}{2d_1}$，其中 $f_{\sigma t} = 0.0392\text{MPa·cm/条}$，$d_1 = 0.334\text{cm}$.

由第二切片正射求得 $O'P'$ 线上各分点的 $(\Delta\tau_{yx})_K$，由第一切片求得 $O'P'$ 线上各分点的 $(\Delta\tau_{zx})_K$，由式 (5.12c) 可求出 $O'P'$ 线上各分点的 $(\sigma_x)_K$. 这些数据见表 5.3 所示.

表 5.3　$O'P'$ 线上各分点 $(\Delta\tau_{yx})_K$, $(\Delta\tau_{zx})_K$ 和 $(\sigma_x)_K$

分点	利用第二切片正射时的测量数据			利用第一切片正射时的测量数据			$(\sigma_x)_i=(\sigma_x)_0 -\Delta\tau_{yx}\dfrac{\Delta x}{\Delta y} -\Delta\tau_{zx}\dfrac{\Delta x}{\Delta z}$ /MPa
	$(\tau_{yx})_{O_2P_2}$ /MPa	$(\tau_{yx})_{O_1P_1}$ /MPa	$\Delta\tau_{yx}=(\tau_{yx})_{O_2P_2}-(\tau_{yx})_{O_1P_1}$	$(\tau_{zx})_{O_2P_2}$ /MPa	$(\tau_{zx})_{O_1P_1}$ /MPa	$\Delta\tau_{zx}=(\tau_{zx})_{O_2P_2}-(\tau_{zx})_{O_1P_1}$	
O'							根据第一二切片正射时测量数据得
1	0.0386	0.0452	−0.0066	−0.00347	−0.00340	−0.0001	$(\sigma_x)_0$=−0.05430
2	0.0460	0.0490	−0.0030	−0.00403	−0.00396	−0.0001	$(\sigma_x)_2$=−0.03516
3	0.0540	0.0580	−0.0040	−0.00428	−0.00446	0.0002	$(\sigma_x)_3$=−0.03209
4	0.0598	0.0676	−0.0078	−0.00390	−0.00471	0.0008	$(\sigma_x)_4$=−0.02827
5	0.0574	0.0713	−0.0139	−0.00305	−0.00487	0.0018	$(\sigma_x)_5$=−0.02830
6	0.0485	0.0617	−0.0132	−0.00256	−0.00396	0.0014	$(\sigma_x)_6$=−0.01622
7	0.0368	0.0412	−0.0044	−0.00251	−0.00265	0.0001	$(\sigma_x)_7$=−0.00442
8	0.0234	0.0237	−0.0003	−0.00277	−0.00239	−0.0004	$(\sigma_x)_8$=−0.00016
9	0.0133	0.0125	0.0008	−0.00323	−0.00221	−0.0010	$(\sigma_x)_9$=0.00052
10	0.0065	0.0054	0.0011	−0.00274	−0.00132	−0.0014	$(\sigma_x)_{10}$=0.00074
11	0.0032	0.0022	0.0010	−0.00125	−0.00045	−0.0008	$(\sigma_x)_{11}$=0.00106
12	0.0011	0.0007	0.0004	−0.00021	−0.00014	−0.0001	$(\sigma_x)_{12}$=0.00083
P'							$(\sigma_x)_{13}$=0.00050

根据式 (5.7) 求出 $O'P'$ 线上各分点的 $(\sigma_y)_K$，见表 5.4 所示.

表 5.4 $O'P'$ 线上各分点 $(\sigma_y)_K$

分点	n''	$\sigma_1-\sigma_2=n''\dfrac{f_{\sigma t}}{d_2}=0.1117n''$ /MPa	τ_{yx}/MPa	θ/°	$\sigma_x-\sigma_y=\pm\sqrt{(\sigma_1-\sigma_2)^2-4\tau_{yx}^2}$ /MPa	$(\sigma_x)_i$/MPa	$(\sigma_y)_i$/MPa
0	0.692	0.0773	0.0352	57.2	−0.0319	−0.05430	−0.02238
1							
2	0.786	0.0878	0.0426	52.0	−0.0212	−0.03516	−0.01397
3	0.936	0.1046	0.0518	48.5	−0.0141	−0.03209	−0.01802
4	1.081	0.1207	0.0603	43.2	0.0060	−0.02827	−0.03424
5	1.228	0.1372	0.0663	37.5	0.0351	−0.02830	−0.06340
6	1.422	0.1588	0.0678	29.3	0.0827	−0.01622	−0.09894
7	1.375	0.1536	0.0493	20.0	0.1178	−0.00442	−0.12218
8	1.297	0.1449	0.0295	12.0	0.1323	−0.00016	−0.13248
9	1.280	0.1430	0.0165	6.7	0.1391	0.00052	−0.13860
10	1.214	0.1356	0.0083	3.5	0.1346	0.00074	−0.13384
11	1.158	0.1293	0.0038	1.7	0.1291	0.00106	−0.12807
12	1.089	0.1216	0.0013	0.6	0.1216	0.00083	−0.12078
P'	1.100	0.1229	0	0	0.1229	0.00050	−0.12237

根据式 (5.9) 求出 $O'P'$ 线上各分点 $(\sigma_z)_K$，见表 5.5 所示.

表 5.5 $O'P'$ 线上各分点 $(\sigma_z)_K$

分点	n''	$\sigma_1-\sigma_2=n''\dfrac{f_{\sigma t}}{d_1}=0.1172n''$ /MPa	τ_{zx}/MPa	θ/°	$\sigma_z-\sigma_x=\pm\sqrt{(\sigma_1-\sigma_2)^2-4\tau_{zx}^2}$ /MPa	$(\sigma_x)_i$/MPa	$(\sigma_z)_i$/MPa
0	0.514	0.0602	-0.00316	87.0	0.0599	-0.05430	0.00561
1							
2	0.594	0.0696	-0.00365	87.0	0.0692	-0.03516	0.03407
3	0.633	0.0742	-0.00388	87.0	0.0738	-0.03209	0.04169
4	0.614	0.0720	-0.00402	86.8	0.0715	-0.02827	0.04324
5	0.492	0.0577	-0.00373	86.3	0.0572	-0.02830	0.02888
6	0.350	0.0410	-0.00358	85.0	0.0404	-0.01622	0.02417
7	0.174	0.0204	-0.00282	82.0	0.0196	-0.00442	0.01518
8	0.102	0.0120	-0.00234	78.5	0.0110	-0.00016	0.01084
9	0.083	0.0097	-0.00244	75.0	0.0084	0.00052	0.00893
10	0.094	0.0110	-0.00228	77.8	0.0100	0.00074	0.01077
11	0.100	0.0117	-0.00070	86.6	0.0116	0.00106	0.01270
12	0.092	0.0108	-0.00028	88.5	0.0108	0.00083	0.01160
P'	0.094	0.0110	0	90.0	0.0110	0.00050	0.01152

为了求 $O'P'$ 线上各分点 $(\tau_{yz})_K$, 如图 5.14 所示, 在 $O'P'$ 线上选取 a、b、c、d、e、f、g 七个分点, 在这七个分点处截取与 $O'P'$(即 x 轴方向) 相垂直的七个切片, 七个分点分别在各切片的中面上. 沿各切片的法线方向 (即 x 轴方向) 分别照射这七个切片, 就可以测出 a、b、c、d、e、f、g 七个分点的 $(\tau_{yz})_K$.

$$(\tau_{yz})_i = \frac{\sigma_1''' - \sigma_2'''}{2}\sin 2\theta_{yz} = \frac{n''' f_{\sigma t}}{2d_3}\sin 2\theta_{yz} = \pm\sqrt{(\sigma_1''' - \sigma_2''')^2 - 4\tau_{yz}^2} \tag{5.13}$$

式中, $(\sigma_1''' - \sigma_2''')$ 为光线沿 x 轴方向入射的次主应力差; d_3 为切片厚度; θ_{yz} 为次主应力 σ_1''' 与 z 轴的夹角.

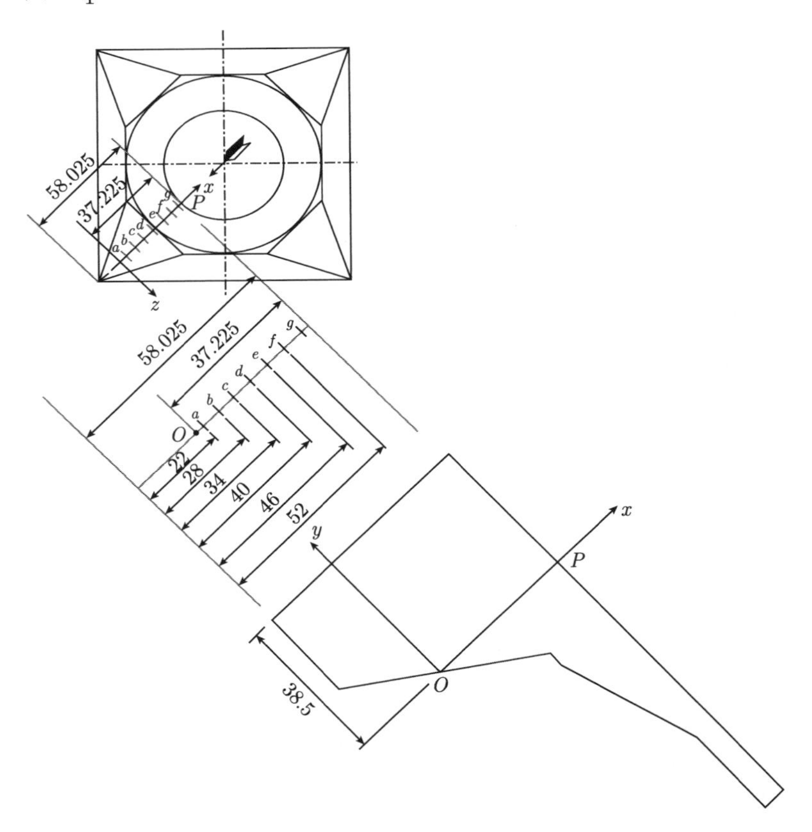

图 5.14 第三组切片和 $O'P'$ 线上各点 $(\tau_{yz})_K$ 的测量 (单位: mm)

切片 a、b、c 的等差线条纹级次都小于 1 级, d、e、f、g 切片上等差线条纹级次都大于 1 级, d、e、f、g 切片等差线见图 5.15.

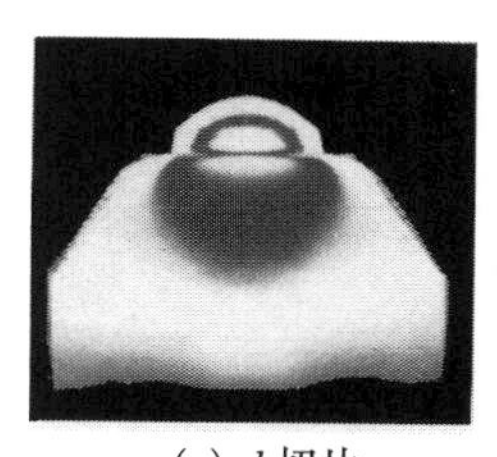
(a) d 切片

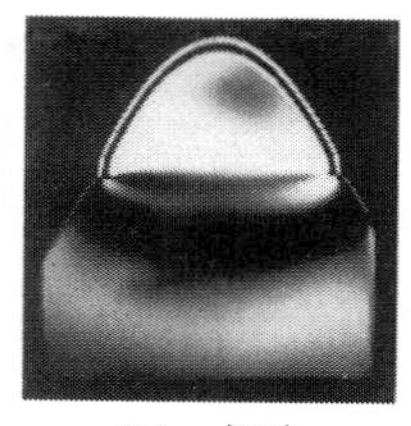
(b) e 切片

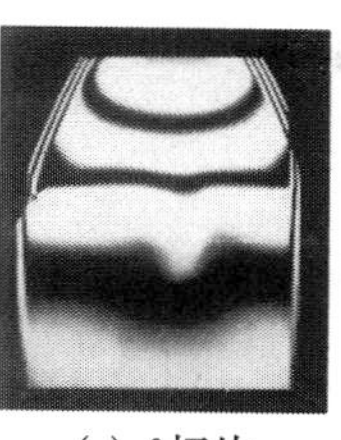
(c) f 切片

(d) g 切片

图 5.15 第三组切片 d、e、f、g 的等差线

将 $O'P'$ 线上 a、b、c、d、e、f、g 各分点测得的 $(\tau_{yz})_i$ 进行曲线拟合, 就可以求出 $O'P'$ 线上各分点 K 的 $(\tau_{yz})_K$, 然后再根据模型相似律便可求出实物结构 $O'P'$ 线上各分点 K 的 $(\tau_{yz\text{实物}})_K$.

将模型 $O'P'$ 线上各分点的六个应力分量 $(\sigma_x)_K$, $(\sigma_y)_K$, $(\sigma_z)_K$, $(\tau_{xy})_K$, $(\tau_{yz})_K$ 和 $(\tau_{zx})_K$ 代入式 (5.6)便得混凝土实物结构 $O'P'$ 线上各分点的六个应力分量, 见表 5.6.

在此指出, 由于该模型的几何形状和载荷轴对称, 所以所需模型由三个减为一个, 那么, 模型的第一、第二切片和第三组切片是取自模型的三个对称位置的三个 $O'P'$ 线的方向上.

另外, 第三组切片仅是为测取 τ_{yz} 而截取的. 如果不截取第三组切片, 而利用第二切片 (xy 切片), 光线对 xy 切片做一次斜射, 也可求出各分点的 $(\tau_{yz})_K$. 下面介绍利用 xy 切片进行一次斜射的方法, 如图 5.16 所示, 光线在 yz 平面内, 沿与 z 轴成 ϕ 角方向入射 xy 切片, 测得等差线条纹级次为 n_ϕ. 经计算解出 τ_{yz}

$$\tau_{yz} = \left[-\frac{n_\phi f_{\sigma t}\cos\phi}{d_2}\cos 2\theta_{x'y'} + (\sigma_x - \sigma_y)\cos^2\phi - (\sigma_z - \sigma_x)\sin^2\phi\right] \Big/ \sin 2\phi \tag{5.14}$$

式中, $\theta_{x'y'}$ 为沿 z' 轴照射 xy 切片时, 测得的等倾线参数. 将 $O'P'$ 线上任意点 K 的 $(\sigma_x)_K$, $(\sigma_y)_K$, $(\sigma_z)_K$, $(\theta_{x'y'})_K$, $(n_\phi)_K$ 和 $f_{\sigma t}$, ϕ, d_2 代入式 (5.13), 则 $O'P'$ 线上任意点 K 的 $(\tau_{yz})_K$ 便可求出.

表 5.6 模型和实物 $O'P'$ 线上各分点的 σ_x, σ_y, σ_z, τ_{xy}, τ_{yz} 和 τ_{zx}

分点	$(\sigma_x)_K$模型 /MPa	$(\sigma_y)_K$模型 /MPa	$(\sigma_z)_K$模型 /MPa	$(\tau_{xy})_K$模型 /MPa	$(\tau_{zx})_K$模型 /MPa	$(\tau_{yz})_K$模型 /MPa	$(\sigma_x)_K$实物 /MPa	$(\sigma_y)_K$实物 /MPa	$(\sigma_z)_K$实物 /MPa	$(\tau_{xy})_K$实物 /MPa	$(\tau_{zx})_K$实物 /MPa	$(\tau_{yz})_K$实物 /MPa
0	−0.0543	−0.0224	0.0056	0.0352	−0.0020	0	−0.0608	−0.0251	0.0063	0.0394	−0.0022	0
1												
2	−0.0352	−0.0140	0.0341	0.0426	−0.0036	0.0001	−0.0394	−0.0157	0.0382	0.0477	−0.0040	0.0001
3	−0.0321	−0.0180	0.0417	0.0518	−0.0039	0.0004	−0.0360	−0.0202	0.0467	0.0580	−0.0044	0.0004
4	−0.0283	−0.0342	0.0432	0.0603	−0.0040	0.0007	−0.0317	−0.0383	0.0484	0.0675	−0.0045	0.0008
5	−0.0283	−0.0634	0.0289	0.0663	−0.0037	0.0014	−0.0317	−0.0710	0.0324	0.0743	−0.0041	0.0016
6	−0.0162	−0.0989	0.0242	0.0678	−0.0036	0.0023	−0.0181	−0.1108	0.0271	0.0759	−0.0040	0.0026
7	−0.0044	−0.1222	0.0152	0.0493	−0.0028	0.0039	−0.0049	−0.1369	0.0170	0.0552	−0.0031	0.0044
8	−0.0002	−0.1325	0.0108	0.0295	−0.0023	0.0063	−0.0002	−0.1484	0.0121	0.0330	−0.0026	0.0070
9	0.0005	−0.1386	0.0089	0.0165	−0.0024	0.0071	0.0006	−0.1552	0.0100	0.0185	−0.0027	0.0079
10	0.0007	−0.1338	0.0108	0.0083	−0.0023	0.0076	0.0008	−0.1499	0.0121	0.0093	−0.0026	0.0085
11	0.0011	−0.1281	0.0127	0.0038	−0.0007	0.0079	0.0012	−0.1435	0.0142	0.0043	−0.0008	0.0088
12	0.0008	−0.1208	0.0116	0.0013	−0.0003	0.0079	0.0009	−0.1353	0.0130	0.0015	−0.0003	0.0089
13	0.0005	−0.1224	0.0115	0	0	0.0079	0.0006	−0.1371	0.0129	0	0	0.0089

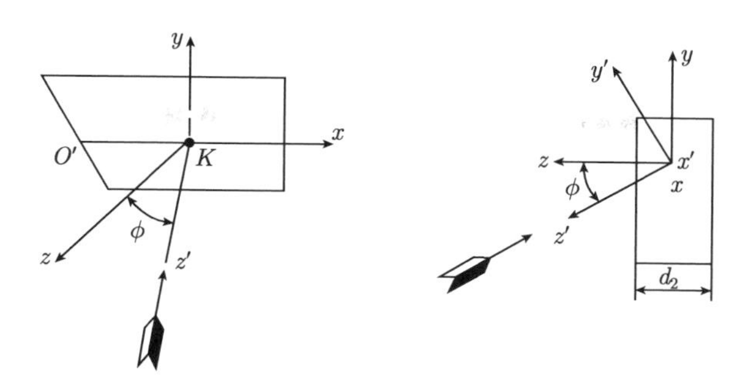

图 5.16 对 xy 切片斜射求 τ_{yz}

根据 $O'P'$ 线上各分点的六个应力分量, 由弹性力学主应力方程

$$\sigma_K^3 - H_1\sigma_K^2 + H_2\sigma_K - H_3 = 0 \tag{5.15}$$

式中, $H_1 = \sigma_x + \sigma_y + \sigma_z$

$H_2 = \sigma_x\sigma_y + \sigma_y\sigma_z + \sigma_z\sigma_x - \tau_{xy}^2 - \tau_{yz}^2 - \tau_{zx}^2$

$H_3 = \sigma_x\sigma_y\sigma_z + 2\tau_{xy}\tau_{yz}\tau_{zx} - \sigma_x\tau_{yz}^2 - \sigma_y\tau_{zx}^2 - \sigma_z\tau_{xy}^2$

该三次方程式 σ_K 的三个根就是分点 K 的三个主应力 σ_1, σ_2 和 σ_3.

解实物 $O'P'$ 线上各分点 K 的主应力三次方程式得各分点 K 的三个主应力 σ_1, σ_2 和 σ_3. 为了检验各分点 K 的三个主应力的计算值的可靠性, 应用弹性力学式 $\sigma_1 + \sigma_2 + \sigma_3 = \sigma_x + \sigma_y + \sigma_z$, 可以进行核对.

根据弹性力学知道, 各分点 K 的三个主应力之一 $(\sigma_i)_K$ 和其三个方向余弦 l, m, n 应满足下面一组方程式

$$\left.\begin{aligned} &l\sigma_x + m\tau_{yx} + n\tau_{zx} = l\sigma_i && \text{(a)} \\ &l\tau_{xy} + m\sigma_y + n\tau_{zy} = m\sigma_i && \text{(b)} \\ &l\tau_{xz} + m\tau_{yz} + n\sigma_z = n\sigma_i && \text{(c)} \\ &l^2 + m^2 + n^2 = 1 && \text{(d)} \end{aligned}\right\} \tag{5.16}$$

如图 5.17 所示, 设 N 为主平面的外法线方向, 该主平面上主应力 σ_i 方向与 N 方向相同, N 的方向余弦为

$$\left.\begin{aligned} l &= \cos(N,x) = \cos\alpha \\ m &= \cos(N,y) = \cos\beta \\ n &= \cos(N,z) = \cos\gamma \end{aligned}\right\} \tag{5.17}$$

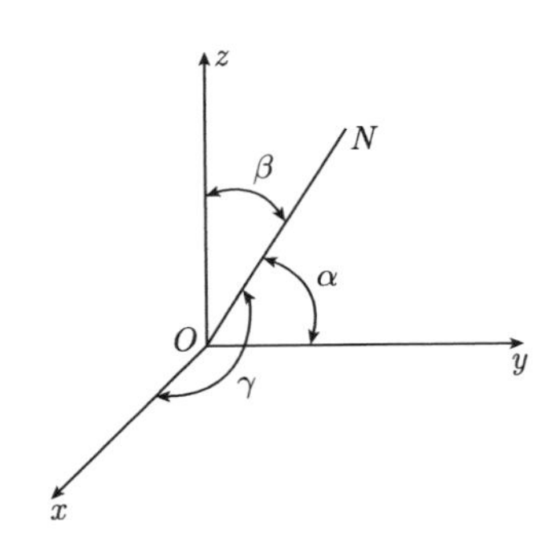

图 5.17 **N** 的三个方向余弦

如果已知某分点 K 的六个应力分量和 K 点三个主应力值之一, 如 σ_1 值, 则把 σ_1 代入式 5.16(a), 式 5.16(b), 式 5.16(c) 中的任两个式子得出两个方程式, 然后把这两个方程式与式 5.16(d) 联立解方程, 就可以得出 σ_1 的三个方向余弦. 同理, K 点的其他两个主应力的方向余弦也就可以求出了. 于是 K 点的三个主应力方向就都计算出了.

5.3 带裂纹旋转圆盘模型在离心力载荷作用下光弹性模型冻结应力方法

5.3.1 旋转圆盘模型及其上面裂纹的制造

选用厚度为 8mm 的环氧树脂光弹性板材作为模型材料, 采用钻、车、铣的机加工工艺作成旋转圆盘模型的内外边界形状, 如图 5.18 所示. 模型上径向和切向裂纹的制作方法是先用 ϕ1mm 的钻头沿裂纹方向开出连串的小孔, 然后用单面薄锉 (用砂轮将锉的一面磨平, 使锉的厚度略小于 1mm) 将径向和切向的裂纹成形. 裂纹尖端的制作方法是用细齿 0.10~0.15mm 厚度的钢锯条 (用细齿钢锯条在磨床上将厚度磨薄) 加工成形, 用这种方法可得到裂纹尖端曲率半径为 0.02mm. 裂纹的制作方法也可以在浇铸环氧树脂光弹性板材时, 埋入涂有脱膜剂的裂纹夹片, 光弹性板材一次固化后再把裂纹夹片取出, 这时在模型的裂纹附近会产生初应力, 通过退火办法可以使裂纹周围初应力基本消除或减小. 然后用厚度略小于 1mm 的单面薄锉锉平裂纹面, 进一步消除初应力. 在裂纹的两端用 0.10~0.15mm 厚度的细齿钢锯条加工初纹尖.

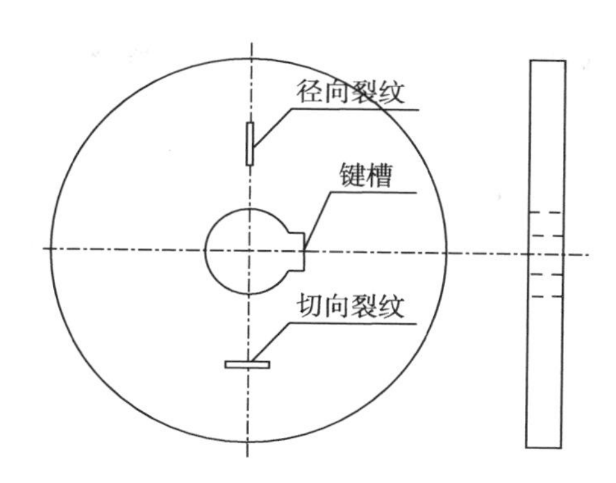

图 5.18 带有径向和纵向裂纹的旋转圆盘模型

5.3.2 离心力载荷作用下, 旋转圆盘模型应力冻结方法 [15]

1. 旋转圆盘模型冻结应力设备

如图 5.19 所示, 将冻结应力设备安装在特制的电热箱门板上, 图中门的左侧是电热箱的外部, 将配有稳压装置的调速电动机通过支架安装在门上. 电动机的轴和旋转圆盘的轴通过柔性连接同步转动. 旋转圆盘的轴通过滚珠轴承与轴套相连. 旋转圆盘的轴端有键槽, 通过键连接使旋转轴与旋转圆盘模型的内孔相连, 旋转圆盘模型之右有锁母与旋转轴相连接.

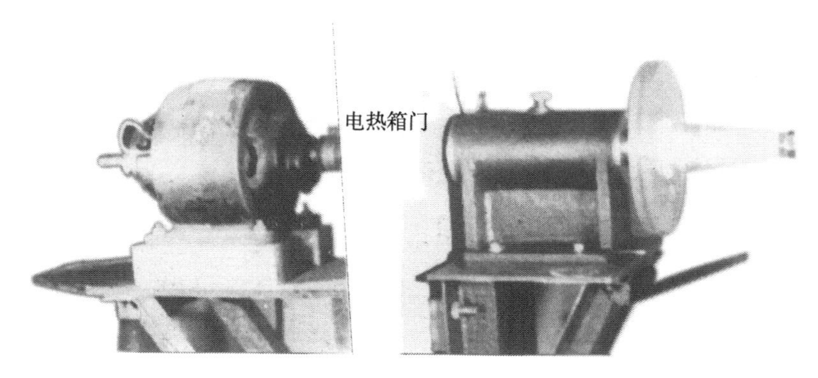

图 5.19 旋转圆盘模型冻结应力设备

旋转圆盘模型安装到冻结应力设备上以后, 按图 5.20 所示的温度控制曲线升温、恒温和降温. 在 105°C 以前升温期间, 电动机处于低速运转期. 当温度升至 115°C 时, 将电机调至预定转速的 50%. 当温度升至冻结温度 125°C 时, 将电机调至预定转速. 在降温阶段 (125~45°C) 要求旋转速度恒定在预定值.

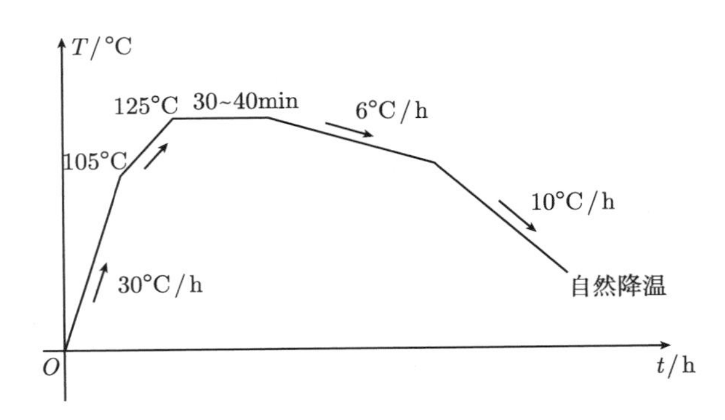

图 5.20　温度控制曲线

旋转圆盘的冻结温度是通过光弹性模型材料的热光曲线确定的, 其值选定为模型材料的临界温度 120°C+5°C. 模型材料的冻结条纹值应用受压圆盘在旋转圆盘模型冻结应力环境下施加载荷, 测得其冻结材料条纹值 $f_{\sigma t}$=0.0358MPa·cm/条.

2. 旋转圆盘模型转速的测量

在旋转圆盘模型冻结应力过程中, 从冻结温度到降温至 45°C 过程中, 圆盘的旋转速度要求稳定, 否则离心力载荷要改变, 所以旋转速度的精确测量非常重要.

本实验用非接触的闪频光测量法, 其测量设备见图 5.21. 在电热箱外部电动机的旋转轴端面上, 在远离轴心的位置用白色油漆做一个标记点, 在旋转圆盘模型转动过程中, 用频闪光源 (models 134 of vishay intertechnology, inc.) 照射电动机轴端面的白色标记点, 如果旋转轴的转速 (次数/分) 和闪频光的闪光频率 (闪光次数/分) 不相等, 则电机轴端面的白色标记点的位置也在转动. 如果旋转轴转速和闪光频率相等, 则白点标记位置相对来说并不改变. 此时闪光频率即为旋转轴的转速. 在此指出, 这种频闪光源的闪光频率是很准确的, 用该方法还可监视旋转轴的转速是否稳定. 另外, 需要通过电动机的稳压调节装置, 使电动机在有负荷情况下能稳速运转.

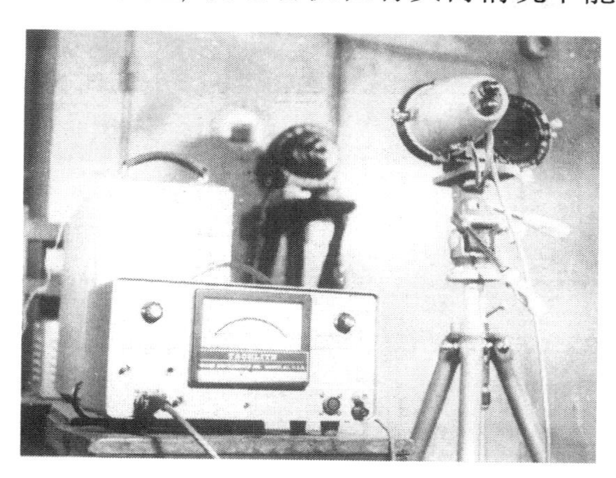

图 5.21 旋转速度闪频光测量设备

5.3.3 带径向和切向裂纹圆盘模型在离心力载荷作用下冻结应力实验

通过 5.3.2 实验方法, 旋转圆盘模型在 1750r/min 转速的离心力载荷作用下冻结应力后的等差线条纹图见图 5.22. 该问题属于平面问题, 应用二向应力分析就可得到应力解.

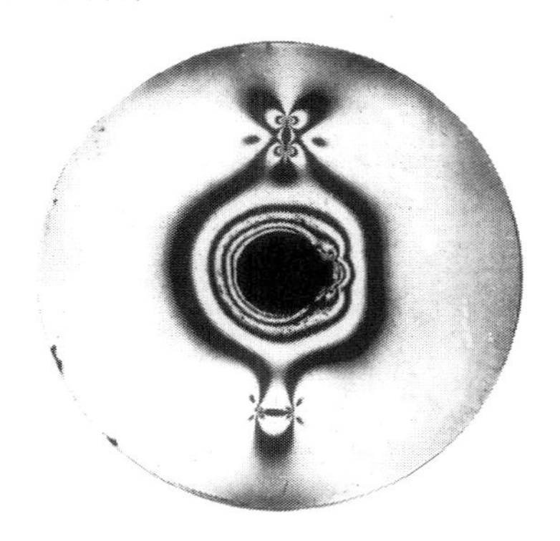

图 5.22 带裂纹旋转圆盘模型的等差线

第 6 章　撞击和交变载荷作用下光弹性应力分析

6.1　概　　述

当作用在物体上的外力随时间变化时, 物体上的应力和位移是时间函数, 因此, 在诸如撞击、振动和交变载荷问题中, 光弹性中的干涉条纹随时间是移动的. 等差线在高弹性模量 (如环氧树脂材料) 模型中的传播速度可达 2000m/s. 1929 年 Cranz 和 Schardin 提出了多火花照相系统, 它采用多个闪光光源和对应数目的照相镜头在照相底板上分别记录了连续几个时刻的瞬态干涉条纹图. 1972 年 C.E. Taylor 采用红宝石激光器在照相底板上记录了瞬态干涉条纹. 1967 年 Allison 采用频闪光源观察了循环载荷下的动态条纹. 随着视频技术的发展, 使用闪光光源或红宝石激光光源, 利用瞬态数字图像采集技术, 通过 CCD 摄像机可以把瞬态光弹性数字图像存储到计算机帧存体中进行图像分析, 这些工作都可以在明光环境下操作.

6.2　撞击载荷下光弹性应力分析

6.2.1　实验装置

实验装置包括电磁脉冲加载装置和瞬态撞击数字图像采集系统.

1. 电磁脉冲加载装置 [16]

电磁脉冲加载装置是由电磁脉冲加载头、电磁脉冲加载控制器和加载架三部分组成的. 电磁加载头的结构如图 6.1 所示, 线圈内孔中有固定于动杆上的软铁芯, 线圈右侧的顶盖由软铁制成. 当脉冲直流大电流通过线圈时, 动杆将因铁芯和顶盖间的磁场斥力, 与铁芯一起向左加速运动, 装在动杆左端的锤头 (内装压力传感器) 冲击到试件上, 形成一个压力脉冲. 为电磁加载头设计了一个脉冲直流大电流控制器, 通过改变工作电压可以调节电磁力的大小, 从而可以改变电磁力的幅值. 通过改变控制脉冲电流持续时间的长短, 可以调节冲击加载速度.

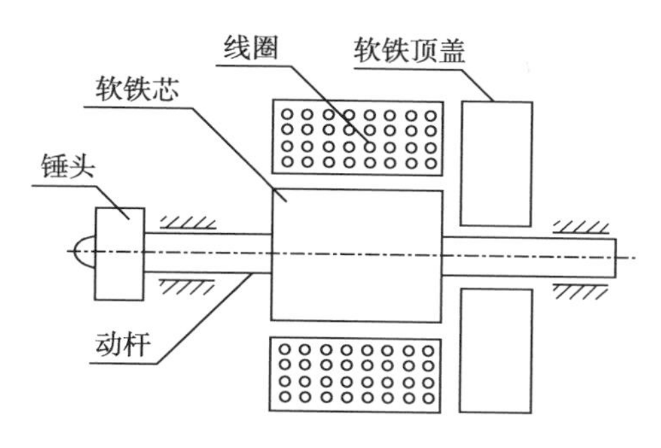

图 6.1 电磁加载头结构

冲击力测试系统见图 6.2, 加载头产生的冲击力经压力传感器转变为电荷信号, 经电荷放大器转化为电压后, 输入给记忆示波器. 记录的冲击力–时间曲线见图 6.3.

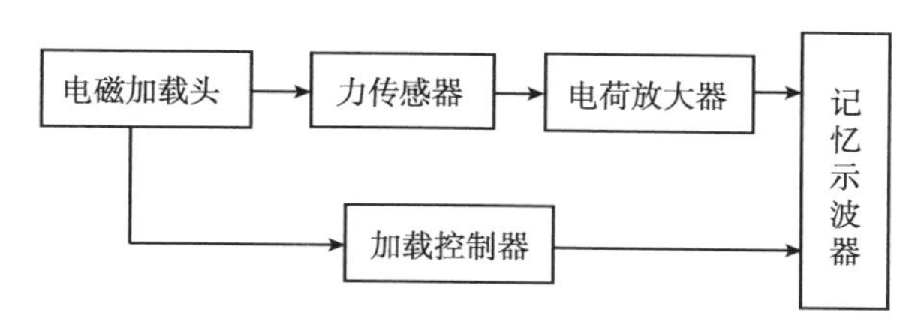

图 6.2 撞击力测试系统

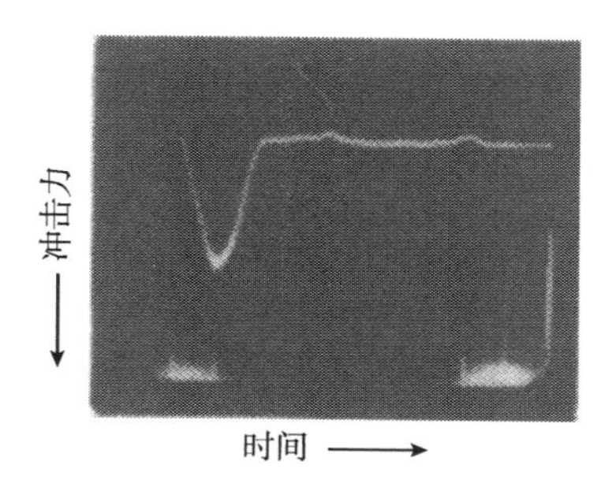

图 6.3 冲击力–时间曲线

在电磁加载控制器上, 通过内触发 (手动触发) 或外触发 (通过接口由外触发信号触发) 两种形式可使加载头产生冲击力.

2. 瞬态撞击数字图像采集系统 [17]

瞬态撞击数字图像采集系统是由电磁脉冲加载装置、脉冲光源 (红宝石脉冲激光器或闪光灯)、CCD 摄像机、图像采集卡、光电和接触触发器及同步控制器等组成, 见图 6.4, 当电磁脉冲加载头 2 撞向试件 3 时, 由 He-Ne 激光器 1 出射的激光束被加载头遮挡, 光–电触发器 4 产生电脉冲信号去触发红宝石脉冲激光器的电控器 6, 以此时刻作为红宝石激光器的计时零点 O, 如红宝石激光器的电控器 6 的时序控制图所示, 经过 OT_1 和 T_1T_2 时间段 (T_1 和 T_2 分别是红宝石激光器的电控器人为设定的时间). 当加载头撞击到试件时, 接触触发器 7 产生脉冲信号传给红宝石激光器的电控器 6, 在时序控制图上相当于 K 点, 根据试验要求可以选定红宝石激光器射出脉冲光 Q 的时刻, 设 Δt 为试件受到撞击载荷后要采集数字图像的时间.

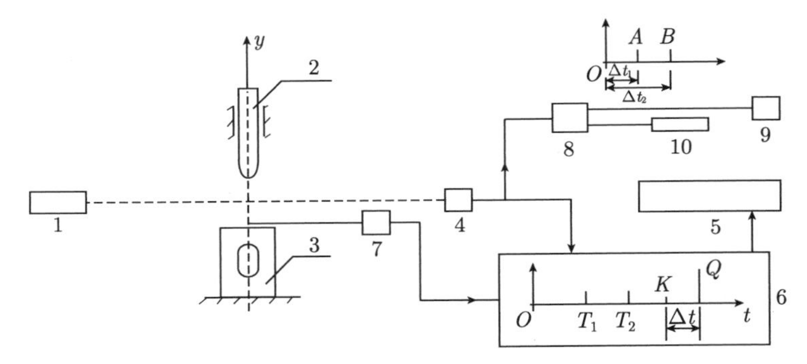

图 6.4 红宝石脉冲激光器光源下瞬态数字图像采集系统

1. Ne-Ne 激光器; 2. 加载头; 3. 试件; 4. 光电触发器; 5. 红宝石脉冲激光器; 6. 电控器; 7. 接触触发器; 8. 精密延时器; 9. 微机和图像采集卡; 10. CCD 摄像机

为了采集撞击载荷后的瞬态数字图像, 通过光电触发器4的电脉冲信号, 传给精密延时器8, 它发出A和B两个延时的电脉冲电信号, 其中一个传给微机和图像采集卡, 另一个脉冲信号作为CCD摄像机的外触发信号.

如果采用闪光灯作为光源, 则瞬态数字图像采集系统和上述基本相同, 仅是图 6.4 中从精密延时器发出的 A 和 B 两个延时的电脉冲电信号, 其中一个触发闪光灯, 并同时触发 CCD 摄像机, 而另一个传给微机和图像采集卡.

6.2.2 在撞击载荷下齿轮齿根动应力分析 [18~20]

直齿圆柱齿轮模型如图 6.5(a) 所示, 模型用聚碳酸酯材料制成, 齿轮参数见表 6.1 所示. 从动齿轮 1 被固定, 主动齿轮 2 可以转动, 如图 6.5(b) 所示. 齿轮的电磁脉冲加载装置见图 6.6, 上齿轮是从动齿轮, 通过螺栓被固定, 下齿轮是主动齿轮, 它通过加载臂可以转动, 当对加载臂下端施加电磁脉冲力时, 实现了对齿轮的撞击加载.

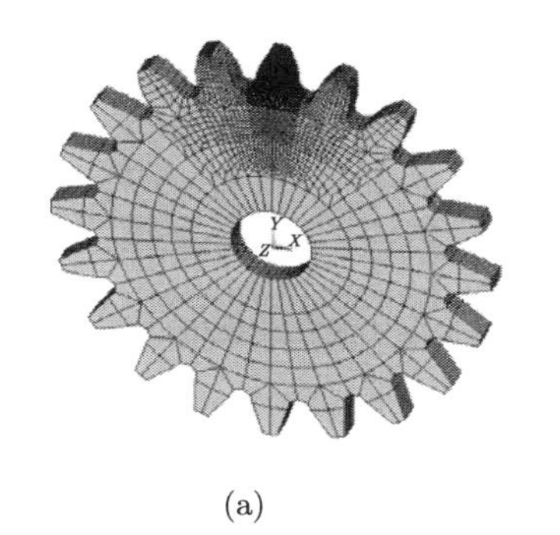

(a)

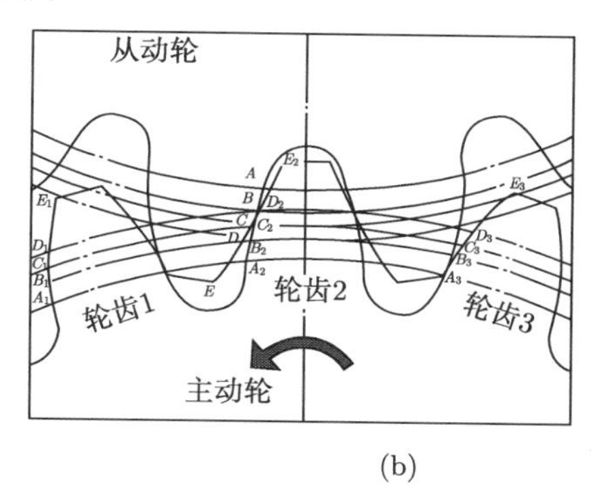

(b)

图 6.5 齿轮模型及其约束

图 6.6 齿轮撞击加载装置

1. 上齿轮; 2. 下齿轮; 3. 冲击头; 4. 加载臂

表 6.1 齿轮参数

参 数	值
压力角/°	20
模数/mm	5
齿数	20
齿顶高系数 h_a^*	1
齿宽/mm	6

光弹性测试光路布置和红宝石激光器的触发如图 6.7 所示.

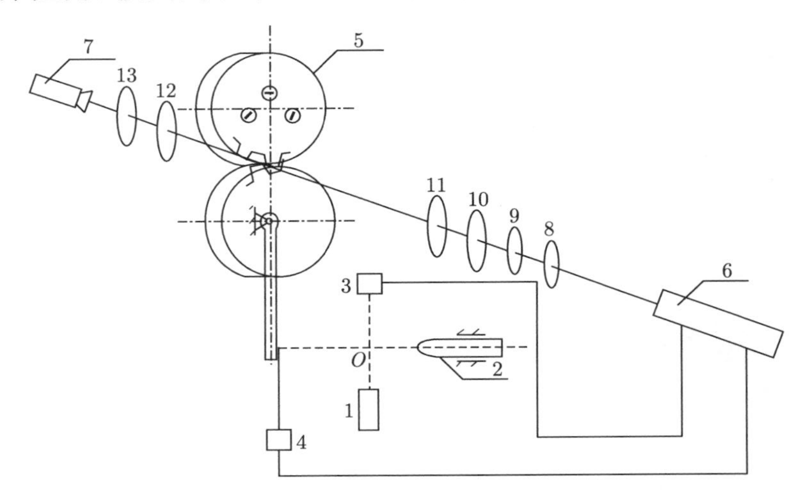

图 6.7　光路布置及红宝石激光器的触发

1. He-Ne 激光器; 2. 冲击锤; 3. 光电触发器; 4. 接触触发器; 5. 齿轮模型; 6. 红宝石激光器及其控制器; 7. CCD 摄像机; 8,9. 透镜; 10,13. 偏振片; 11,12. 1/4 波片

用瞬态数字图像采集系统采集到齿轮撞击后 70μs,120μs, 170μs,213μs,613μs 的主应力等差线如图 6.8 所示.

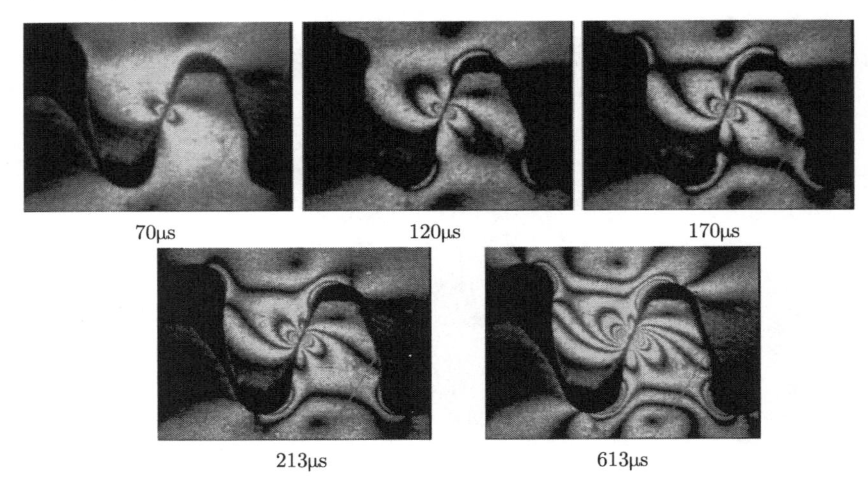

图 6.8　齿轮撞击后 70μs,120μs,170μs,213μs,613μs 的等差线

由齿轮等差线, 可以得出齿轮齿根应力

$$\sigma = \frac{n f_\sigma}{d} \tag{6.1}$$

式中, n 为齿根等差线条纹级次; f_σ 为聚碳酸酯材料动态条纹值; d 为模型厚度.

在左方齿轮的齿根撞击后 70μs,120μs,170μs,213μs,613μs 的最大主应力值见表 6.2.

表 6.2 齿根最大主应力

时间延迟/μs	70	120	170	213	613
最大主应力/MPa	0.40	0.82	1.33	1.77	4.56

在此指出, 如果测试对象的材料是不透明的或是金属的, 则可应用光弹性贴片法进行测量.

6.3 交变载荷下光弹性应力分析

6.3.1 实验装置

实验装置包括疲劳试验机和瞬态疲劳数字图像采集系统 [21].

1. 疲劳试验机

对于任何型号或自行研制的疲劳试验机, 都可以从周期载荷发生器引出正弦波的交变信号, 如图 6.9 所示. 以交变载荷正弦波信号的零相位作为计时零点. 根据测试要求可以选定任何循环次数下的任一相位的瞬态时刻, 对模型进行测量.

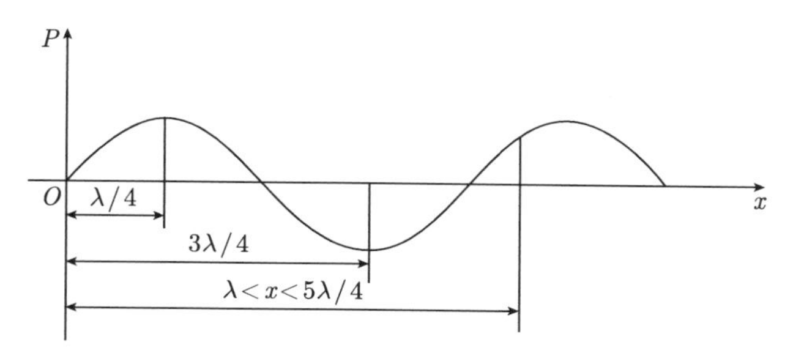

图 6.9 交变载荷正弦波曲线

2. 瞬态疲劳数字图像采集系统

瞬态疲劳数字图像采集系统是由脉冲光源 (闪光灯或红宝石脉冲激光

器)、CCD 摄像机、图像采集卡、触发器及同步控制器等组成, 如图 6.10 所示, 模型 9 承受拉–压交变载荷, 设交变载荷的振动频率为 f(周期为 $T=1/f$), 从疲劳试验机 1 引出交变载荷的正弦波信号, 以正弦波的零相位 O 作为计时零点, 通过矩形波整形器 2 将正弦波转变为矩形波. 经过脉冲触发器 3 在计时零点 O 处产生一个脉冲电信号传给精密延时器 4. 根据需要, 精密延时器可以发出两个不同延时 (分别为 A 和 B) 的脉冲电信号, 其中一个脉冲电信号的时间可选定在"要采集模型对应某个循环的某个相位下"的瞬态时刻, 如使用闪光灯 8, 则让这个脉冲电信号作为闪光灯触发信号使闪光灯 8 闪光, 于是模型被闪光照射, 同时该信号也传给 CCD 触发器 5 对 CCD 摄像机 6 进行外触发. 精密延时器 4 产生的另一个脉冲电信号传给微机和图像采集卡 7.

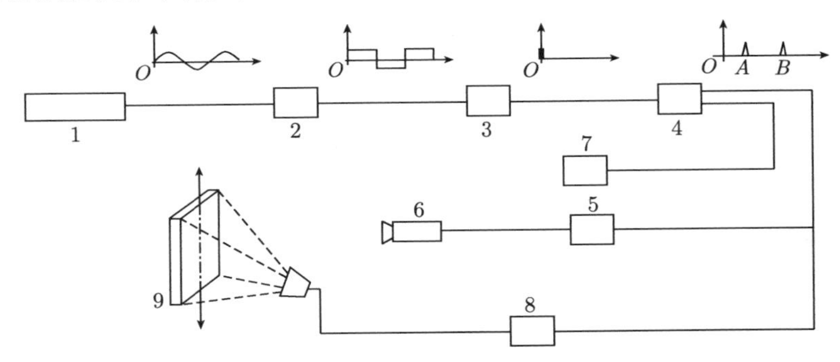

图 6.10　闪光灯光源瞬态疲劳光学数字图像采集系统

1. 疲劳试验机; 2. 矩形波整形器; 3. 脉冲触发器; 4. 精密延时器; 5. CCD 触发器; 6. CCD 摄像机; 7. 微机与图像采集卡; 8. 闪光灯触发器; 9. 模型

在此指出, 如果使用红宝石激光器作为脉冲光源, 则瞬态疲劳数字图像采集系统和上述的图像采集过程大致相同, 其区别在于从图 6.10 中脉冲触发器 3 发出的电脉冲信号去触发红宝石激光器 (同时也传给精密延时器 4), 但它不能即时发射出脉冲光, 而是按照红宝石激光器本身的工作时序去运行, 针对 JQS-1 型红宝石激光器而言, 根据测试要求可以在 $1000\sim9.99999\times10^5\mu s$ 之间选择任一时刻使红宝石激光器发射脉冲光. 因为疲劳试验机交变载荷的周期是已知的, 如图 6.11(a) 所示, 根据测试要求, 需要采集交变载荷下某个循环次数下的某个相位 A 处对应模型的瞬态位移和应变信息, 则由图 6.11(b) 可以看出, A 点的对应时间可以通过红宝石激光器的电控器预选红宝石激光器脉冲光 Q_1 的发光时刻. 从精密延时器 4 发出的两个不同延时 (分别为 A 和 B) 的脉冲电信号, 其中一个去触发 CCD 摄像机, 另一个传给微机和图像采集卡 7.

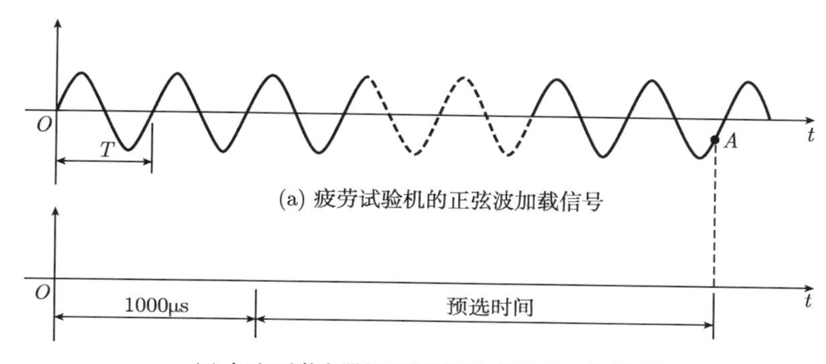

图 6.11　红宝石激光器电控器上的工作时序

6.3.2　实验方法

对于透明模型采用光弹性透射光路布置即可采集瞬态疲劳数字等差线图像. 对于非透明或金属模型可采用光弹性贴片法采集瞬态疲劳数字等差线图像.

还有一种方法, 即选用闪频光源, 调节闪频光源的闪光频率, 使之和交变载荷的频率相等, 这样采集到的瞬态疲劳数字等差线图像如同静载下的等差线一样, 等差线是相对静止、不移动的.

至于采用哪一种光源, 这主要考虑交变载荷的频率大小, 因为闪光灯的光脉冲宽度远大于红宝石脉冲激光器出射的光脉冲宽度, 所以闪光灯适合做较低频率的交变载荷下的测试. 而红宝石脉冲激光器适合于高频率的交变载荷下的测试.

第 7 章 三维光弹性模型的形状和承载具有某些特殊性问题

7.1 网状系杆拱连续梁桥结构光弹性模型的成型和载荷的施加 [22]

7.1.1 网状系杆拱连续梁桥光弹性模型成型工艺

网状系杆拱连续梁桥光弹性模型的结构见图 7.1. 它由桥面板、两拱和系杆所构成. 由于这三种构件的形状和刚度差别大, 如果光弹性模型是整体浇铸, 则环氧树脂在固化过程中的收缩不均匀, 在三种构件的连接区会产生很大的初应力, 而且经过光弹性模型的退火, 初应力大部分也退不掉.

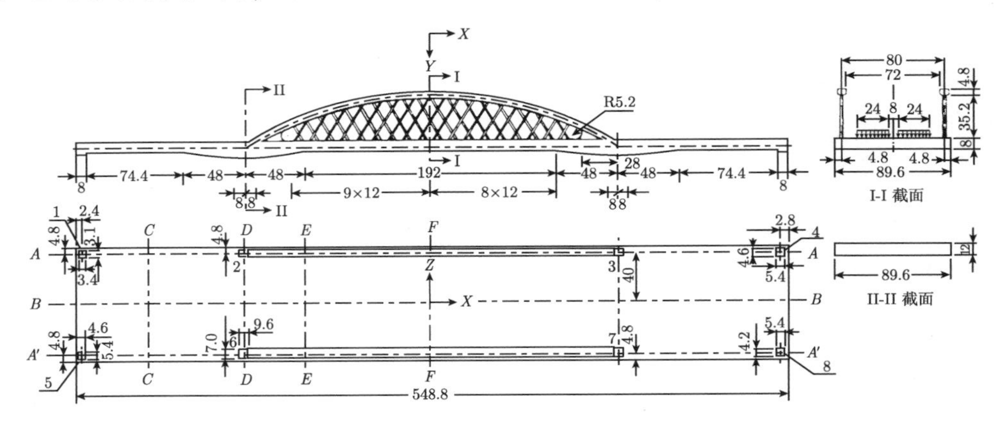

图 7.1 网状系杆拱连续梁桥结构

于是, 将这三种构件分成三部分制作成组合光弹性模型:

(1) 从图 7.1 的俯视图看去, 沿桥面板长度方向, 把拱和桥面板联成一体制作两片拱的光弹性模型. 这种构件的成形, 无论是采用机加工方法或是整体浇铸方法都不能保证拱的曲线形状的准确性以及拱和桥面板在俯视图上看去不弯曲. 为此, 用磨光钢板通过线切割制作两片拱的样板, 把光弹性平板材料夹在中间, 用定位销定位, 用螺栓固紧, 然后用钻孔和锉刀进行粗、细加工, 把两个拱和桥面板连接件的部分光弹性模型成形.

(2) 沿桥面板长度方向的桥面板宽度的中间部分, 用光弹性平板材料进行机加工制成.

(3) 系杆截面很小, 为细长杆, 选用塑料直管作为模具进行浇铸, 用硅脂作为脱膜剂. 先把浇铸成形的诸系杆光弹性模型用环氧树脂粘接剂粘到拱上, 然后再把拱和桥面板粘接为一体, 从而制成形状准确和初应力极小的系杆拱连续梁桥的光弹性模型, 如图 7.2 所示.

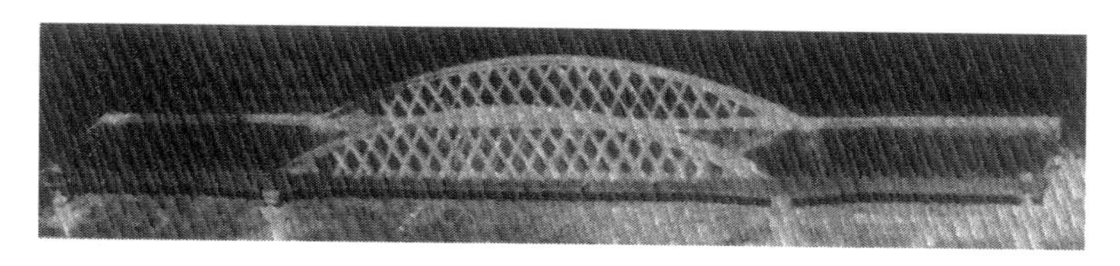

图 7.2 系杆拱连续梁桥光弹性模型

7.1.2 桥面载荷的施加方法

桥面上的载荷按分布在桥面上的面分布载荷来考虑, 如图 7.1 所示. 当光弹性模型受载后产生变形时, 桥面板产生弯曲变形, 于是, 桥面板的表面成为一个曲面, 如果桥面上载荷选用重块施加, 则桥面板表面有些区域接触不到载荷, 为此, 选用直径 1mm 的钢珠 (或铅粒) 作为载荷小单元, 将钢珠放入小盒中, 盒的底部是柔性的, 这样可保证面载荷真实地施加到桥面板的曲面上.

7.2 钢管混凝土拱连续梁特大桥拱脚结构光弹性模型的成型和载荷施加 [23,24]

7.2.1 拱脚光弹性模型成型工艺

拱脚结构见图 7.3, 图中 N_1, N_2, N_3 和 N_4 是四条预应力索道孔. 三维拱脚光弹性模型采用整体浇铸法, 浇铸模具用两块 8mm 厚的玻璃平板, 其中一块作为浇铸模具的底板, 用硅橡胶做一个拱脚外形的阴模放在玻璃平板上, 然后用铅丝外套无色塑料管做成 N_1, N_2, N_3 和 N_4 形状的四根索道固定到硅橡胶的拱脚阴模上, 随后用另一块玻璃平板盖到硅橡胶拱脚阴模上, 索道和其他地方的脱膜剂都用硅脂. 两块玻璃平板之间固紧方法和制作浇铸光弹性平板材料的方法是相同的. 浇铸用的浇口和冒口选择在拱与拱脚连接处的上端部位.

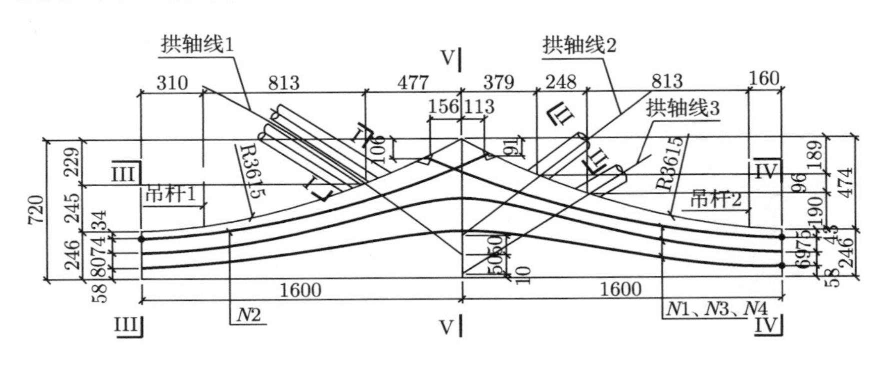

图 7.3　拱脚结构

7.2.2　拱脚载荷的施加方法

如图 7.4 所示, 拱脚载荷包括拱脚左右两端截面的剪力 Q、弯矩 M 和轴力 N, 拱与拱脚连接截面处的 Q、M、N, 拱脚下部的面载荷 q_1、q_2 和四条索道中的索力.

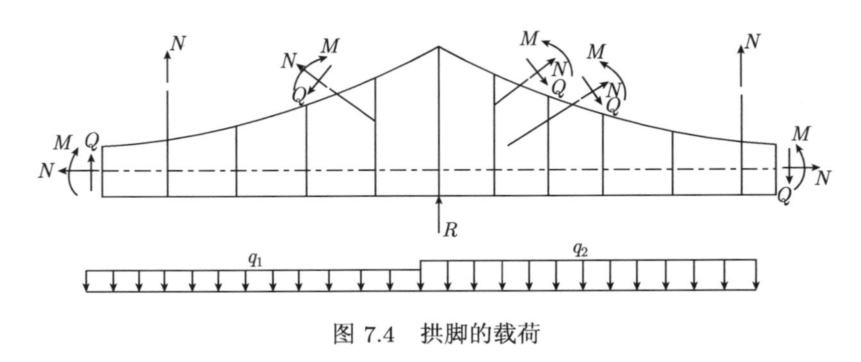

图 7.4　拱脚的载荷

1. 各截面处剪力 Q、弯矩 M 和轴力 N 的施加方法

如图 7.5 所示, 在拱脚左右两端面各粘接上两个薄钢板, 在拱脚与拱联

接区的拱端截面也各粘接上一个薄钢片, 在以上五个截面上都作用有剪力 Q、弯矩 M 和轴力 N, 根据圣维南原理, 可以把一个截面上的 M 和 N 合成为一个偏心力 (方向与 N 平行), 所以在五个截面上各施加一个等效的偏心力和剪力 Q 便可. 这 10 个作用力都是通过支架上的滑轮作导向, 使用合金丝将砝码力施加到各截面处的钢板上.

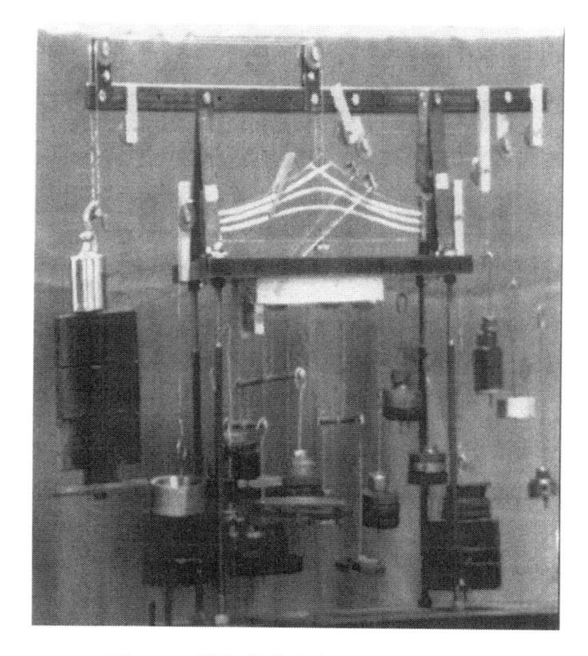

图 7.5 拱脚载荷支架和载荷的施加

2. 四条索道的索力施加方法

将柔性铜线分别穿入四条索道模拟缆索, 每个索道中铜线的两头一端固定, 另一端安装一个微型拉力传感器和调节索力的元件, 在光弹性模型冻结温度下, 可以按要求调节索力的大小.

在此特别指出, 由于四条索道中都是曲线形状的, 所以各条索与索道孔的接触面区域是不同的, 因此, 光弹性模型冻结后要小心地将四条索抽出, 并记录下四条索上索道孔与索的接触痕迹, 这个资料是非常宝贵的, 它可以提供索与索孔接触面的情况, 这对于进行拱脚有限元分析时, 确定索孔力的边界条件是非常有用的.

3. 拱脚下部面载荷施加方法

拱脚下部面载荷可用密集的铅垂力代替.

7.3　刚构连续梁桥墩梁固节点光弹性模型的成型和载荷施加[25,26]

7.3.1　墩梁固节点光弹性模型成型工艺

墩梁固节点的结构如图 7.6 所示. 它外表面的形状虽然比较简单, 可以通过机加工铣的工艺成形, 但它的内表面形状极其复杂, 不可能机加工成形. 如果应用硅橡胶制作墩梁固节点的内芯也比较复杂, 而且形状与尺寸精度也难以保证.

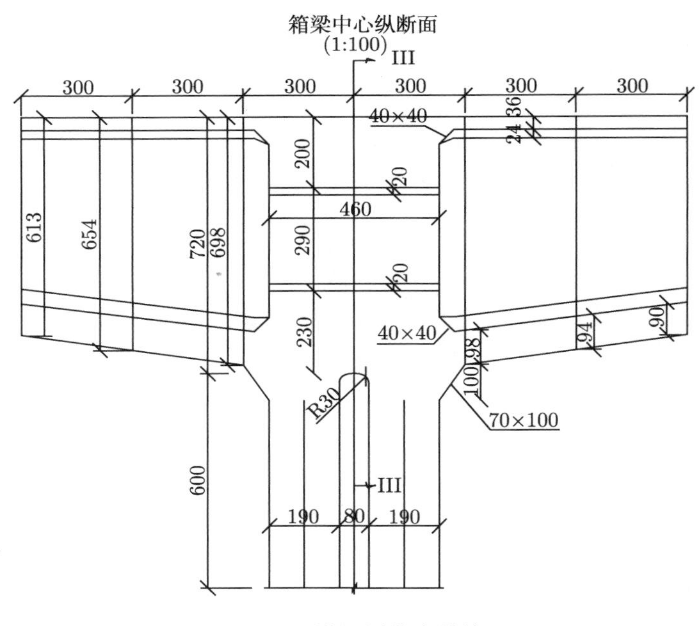

图 7.6　墩梁固节点结构

为此, 使用蜂蜡、石蜡和硬脂酸作为原料浇注一个方形截面柱为毛坯, 在铣床上通过机加工制成形状和尺寸非常准确的墩梁固节点光弹性模具的芯模, 如图 7.7(a) 所示. 墩梁固节点模型浇铸模具的外皮使用薄锌板制造, 浇铸好的墩梁固节点光弹性模型毛坯, 通过机加工方法成形墩梁固节点的外表面, 模型内腔就不加工了. 光弹性模型固化工艺采用二次固化法, 在第一次固化完成以后, 拆去墩梁固节点模具的外皮. 在第二次固化的初始阶段将电热箱温度升至蜡芯的软化点, 然后把墩梁固节点光弹性模型中的蜡芯挖去, 然后再对墩梁固节点光弹性模型放入变压器油中进行第二次固化. 墩梁固节点光弹性模型见图 7.7(b).

(a) 蜡芯

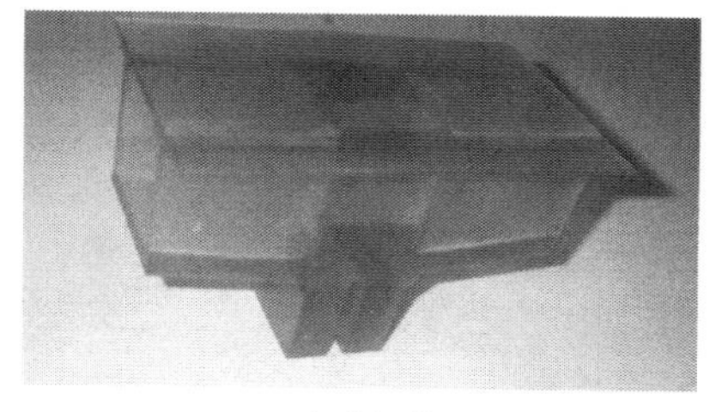

(b) 光弹性模型

图 7.7　墩梁固节点光弹性模具的蜡芯和光弹性模型

7.3.2　墩梁固节点光弹性模型载荷的施加

如图 7.8 所示, 墩梁固节点光弹性模型左右两端面上有剪力 Q、弯矩 M 和轴力 N 的作用, 固节点上表面有面载荷 q_1 和 q_2 的作用.

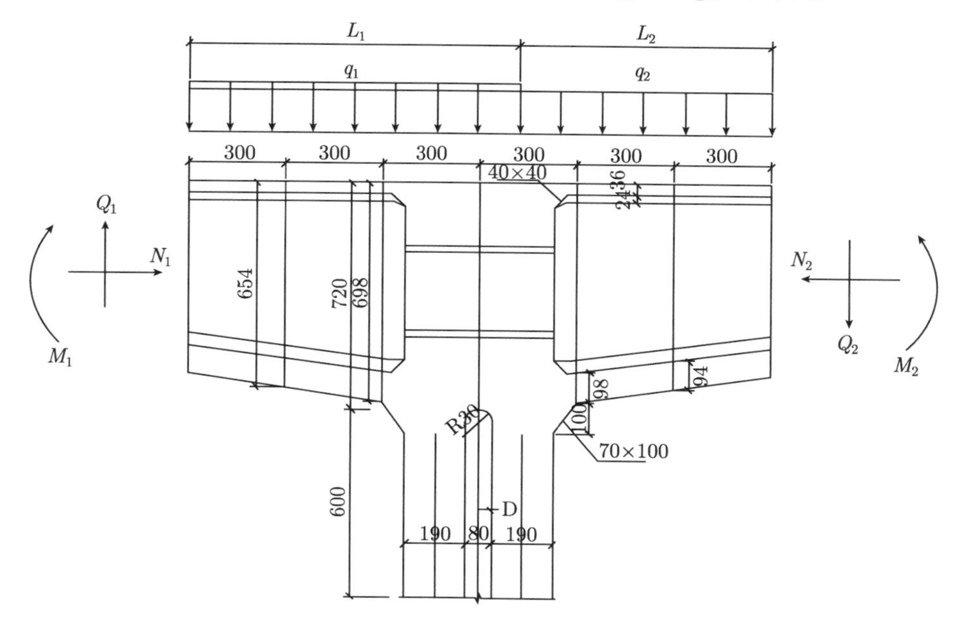

图 7.8　墩梁固节点光弹性模型的载荷

墩梁固节点光弹性模型的加载架如图 7.9 所示, 在两块矩形光弹性材料平板表面上, 分别按固节点左、右端面的形状加工出 2mm 深的凹槽, 然后把这两块平板分别用环氧树脂粘接剂粘到墩梁固节点左右端面上, 将固节点左、右端截面上的弯矩 M 和轴向力 N 根据圣维南原理用偏心力 (方向与轴向力平行) 作为等效力, 于是, 固节点左、右端截面上的作用力各为剪力 Q 和偏心力. 通过安装在支架上的滑轮作导向, 用铜丝把砝码力施加到墩梁固节点上.

图 7.9　墩梁固节点光弹性模型的加载架

在固节点光弹性模型的上表面, 按面载荷 q_1 和 q_2 的底面积做两个小盒, 它的底面是柔性的, 用直径 1mm 的钢珠或铅粒作为载荷单元, 这可保证面载荷能连续分布在固节点变形后的上表面.

7.4　斜拉桥梁锚固区光弹性模型的成型和载荷的施加 [27]

7.4.1　斜拉桥梁锚固区光弹性模型成型工艺

梁锚固区光弹性模型的结构如图 7.10 所示, 实际的梁锚固区结构是由钢板制成的薄壁结构, 所以, 要制作薄壁结构的墩梁光弹性模型是非常困难的, 由于薄壁厚度远小于板面内尺寸, 而且梁锚固区的形状又是非对称的, 如果整体浇注梁锚固区光弹性模型会产生比较大的初应力, 而且板的平面也会发生扭曲.

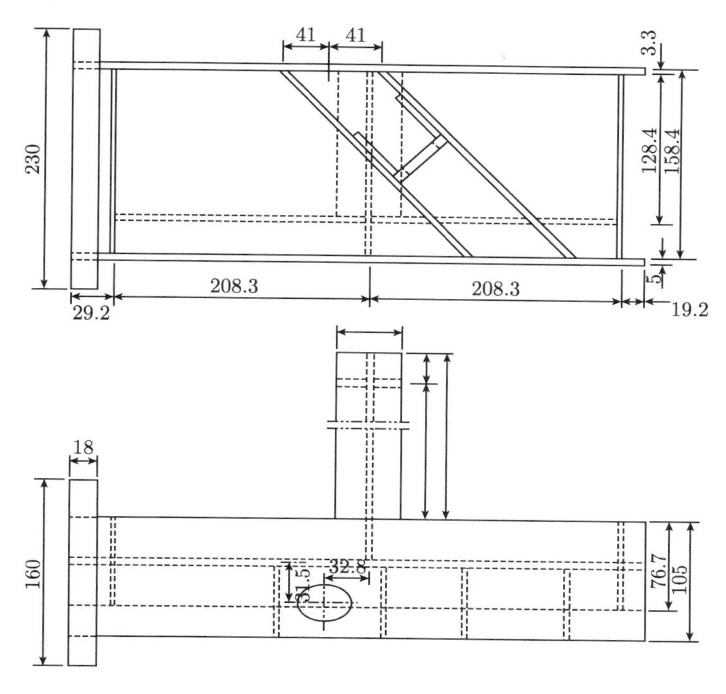

图 7.10　梁锚固区光弹性模型的结构

为此, 参考钢板焊成的梁锚固区结构的工艺, 对梁锚固区光弹性模型的各厚度不同的薄板分别进行机加工, 然后用环氧树脂粘接剂粘成梁锚固区光弹性模型, 如图 7.11 所示.

图 7.11　梁锚固区光弹性模型

7.4.2　梁锚固区光弹性模型载荷的施加

如图 7.11 所示, 用铜丝模拟实际结构的缆索, 用加载架上的滑轮做导向, 将砝码力通过钢丝施加到索孔厚垫板上.

7.5　悬索桥主鞍光弹性模型的成型和载荷的施加 [28]

7.5.1　悬索桥主鞍光弹性模型成型工艺

悬索桥主鞍光弹性模型的结构如图 7.12 所示, 它的形状非常复杂, 它由两条主索道, 与其交叉的多个筋板和底板构成, 其三维结构图见图 7.13 所示. 这样复杂的光弹性模型很难将光弹性材料的主索道、交叉筋板和底板粘接成为整体, 它的形状很难准确.

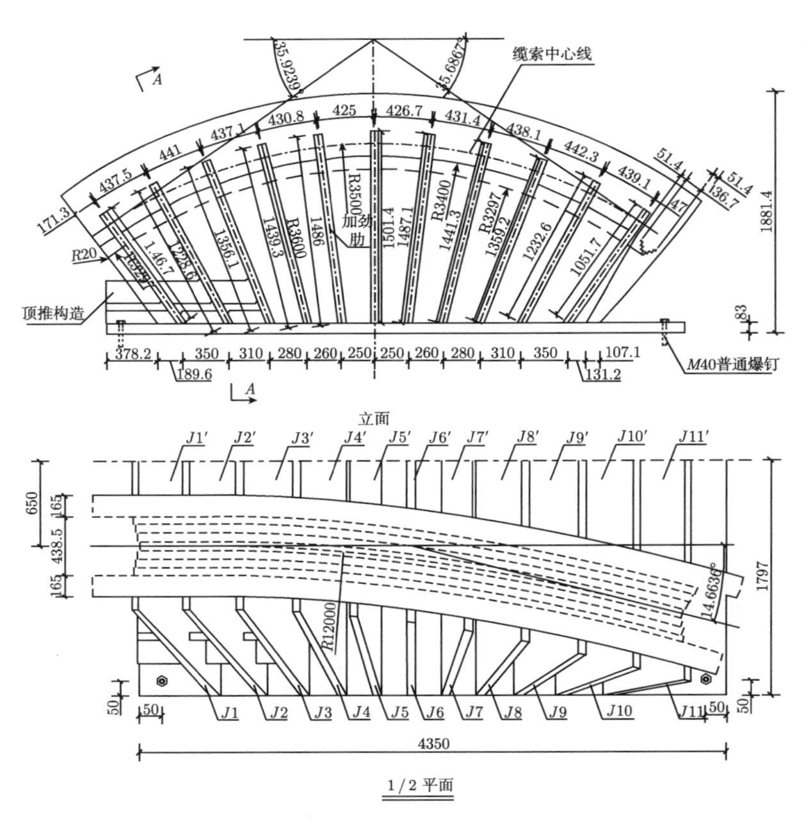

图 7.12　悬索桥主鞍结构

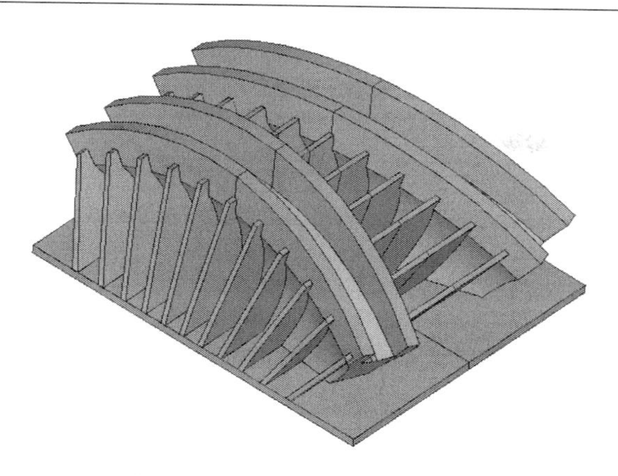

图 7.13 悬索桥主鞍三维结构

为此, 用木材制作一个主索道、筋板、底板可分离的主鞍阳模, 用蜂蜡、石蜡和硬脂酸混合蜡料制作可分离的混合蜡料浇铸阴模, 利用混合蜡料制成的阴模进行主鞍光弹性模型的浇铸, 应用二次固化法, 在第一次固化完成之后, 将主鞍阴模拆掉, 在第二次固化的初始阶段电热箱温度升至混合蜡料软化温度, 然后把混合料清除干净, 最后将主鞍光弹性模型放入变压器油中进行退火, 从而使主鞍光弹性模型的初应力减小.

7.5.2 悬索桥主鞍光弹性模型载荷的施加

索道中的钢缆索用多股的渔业缆绳进行模拟, 将悬索桥主鞍固定在加载架上, 用加载架上的滑轮作导向, 将砝码力通过铜线施加到渔业缆绳上, 悬索桥主鞍光弹性模型的加载装置如图 7.14 所示.

图 7.14 悬索桥主鞍光弹性模型的加载装置

参 考 文 献

[1] Froch M M. Photoelasticity. New York: John Wiley & Sons, Vol. 1, 1941; Vol. 2, 1948.

[2] Jessop H T, Harris F C. Photoelasticity Principles and Methods. London: Cleaver-Hume Press, 1950, 233–237.

[3] Kuske A, Robertson G. Photoelastic Stress Analysis. New York: John Wiley & Sons, 1974.

[4] Dally J W, Riley W F. Experimental Stress Analysis (2nd Ed.). New York: McGraw-Hill, Inc., 1978.

[5] Kobayashi A S. Handbook on Experimental Mechanics. New Jersey: Prentice-Hall, 1987.

[6] Katsuhiko I. New model materials for photoelasticity and photoplasticity. Experimental Mechanics, 1962, 2(12).

[7] 佟景伟, 李鸿琦. 光力学原理及测试技术. 北京: 科学出版社, 2009.

[8] 天津大学材料力学教研室实验应力分析组. 锅炉汽包封头光弹性应力分析. 天津大学研究报告, 1977.

[9] 佟景伟, 李鸿琦, 艾国钧, 等. 发动机典型零件的光弹性应力分析. 全国第二届实验应力分析学术交流会研究报告, 1979.

[10] 岳澄, 佟景伟, 李鸿琦, 等. 地铁车站地下拱型结构的光弹性应力分析. 实验力学, 1996, 3: 257–264.

[11] 天津大学材料力学教研室光弹组. 光弹性原理及测试技术. 北京: 科学出版社, 1980.

[12] 佟景伟, 杨槐堂. 光弹性材料的光学–力学性能测定方法的建议. 力学季刊, 1982, 1: 77–81.

[13] 佟景伟, 赵连有. 倒锥台基础三向光弹性应力分析. 建井技术, 1981, 4: 35–41.

[14] 岳澄. 地铁地下拱壳结构光弹性的应力分析与图像处理. 天津: 天津大学硕士学位论文, 1991.

[15] 邵立国. 旋转圆盘混合型应力强度因子 K_{I}、K_{II} 的计算与光弹法的测定. 天津: 天津大学硕士学位论文, 1982.

[16] 李鸿琦, 李林安, 佟景伟, 等. DCH—D 型电磁脉冲加载装置的研制和冲击力波形的谱分析. 实验力学, 1993, 3: 281–285.

[17] Tong J W, Zhang D S, Li H Q, et al. Study on in-plane displacement measurement under impact loading using digital speckle pattern interferometry. Optical Engineering, 1996, 35(4): 1080–1083.

[18] Tong J W, Li H Q. Dynamic stress analysis using simultaneously holo-interferometry and photoelasticity. Optics and Lasers in Engineering, 1985, 6: 145–156.

[19] Chia Y C, Tong J W, Tou C T. A study of dynamic holographic photoelasticity using ruby laser. Transactions of the CSME, 1984, 8(3): 117–120.

[20] 常江. 齿轮副的静、动态数值计算与动态光弹性实验研究. 天津: 天津大学博士学位论文, 2005.

[21] 舒庆琏. 交变载荷下裂纹纹尖弹塑性应力–应变场数值计算及实验. 天津: 天津大学博士学位论文, 2005.

[22] 李德才. 带网状系杆拱连续梁桥光弹性应力分析与图像处理. 天津: 天津大学硕士学位论文, 1994.

[23] 阮江涛, 岳澄, 佟景伟, 等. 拱脚结构的模型实验与有限元分析. 实验力学, 2005, 3: 479–483.

[24] 丁淑蓉, 阮江涛, 佟景伟, 等. 预应力钢索与索道孔壁接触压力的模拟研究. 中国公路学报, 2005, 4: 59–61.

[25] 阮江涛, 王世斌, 佟景伟, 等. 刚构连续梁桥墩梁固节点结构的光弹性试验及有限元分析. 实验力学, 2005, 1: 128–132.

[26] 阮江涛. 刚构连续梁桥墩梁固节点结构光弹性实验研究和有限元分析. 天津: 天津大学硕士学位论文, 2004.

[27] 陆海翔. 斜拉桥梁锚固区光弹性应力分析和有限元计算. 天津: 天津大学硕士学位论文, 1993.

[28] 天津大学机械工程学院力学系. 悬索桥主鞍结构光弹性实验研究报告. 2006, 8.

[29] 赵清澄. 光测力学教程. 北京: 高等教育出版社, 1996.

[30] 管野昭, 高桥赏, 吉野利男. 实验应力分析. 东京: 朝仓书店, 1986.

[31] 伍小平. 实验应力分析. 合肥: 中国科技技术大学近代力学系, 1981.

[32] 张如一, 陆耀桢. 实验应力分析. 北京: 机械工业出版社, 1981.

[33] 佟景伟. 实验应力分析. 长沙: 湖南科技出版社, 1983.

[34] 大连工学院数理力学系光测组编著. 光弹性实验. 北京: 国防工业出版社, 1978.

[35] 过二朗, 西田正孝, 河田孝三. 光弹性实验法. 东京: 日刊工业新闻社, 1965.